五彩校园文化艺术活动丛书

校园科普类活动指导手册

王 爽 ◎编著

吉林出版集团股份有限公司
全国百佳图书出版单位

前言 PREFACE

在党和政府的要求下，长期以来，学校文化艺术活动作为学校教育教学工作的一个重要组成部分，不仅是广大青少年建立兴趣爱好和成材的重要途径，而且是学校德育工作发挥巨大作用的主要因素。营造丰富多彩的校园文化，为广大青少年开拓广阔的成材之路，这是加强素质教育的要求，也是培养青少年未来实现中国梦想的要求。

学校开展形式多样的文化艺术活动，能够使广大青少年达到开阔视野、陶冶情操、增长才智、提高素质、沟通人际、适应社会以及改善知识结构和掌握实用技能等方面的效果。在这些文化艺术活动中，广大青少年通过接受不同形式、不同内容的有益教育，能够起到潜移默化的作用，这对造就和培养有理想、有道德、有纪律、有文化、适应中国复兴和实现中国梦的新一代人才有着十分重要的作用。

因此，越来越多的学校对于开展丰富的文化艺术活动和营造浓郁的校园文化环境给予了越来越多的投入和努力，学校里的音乐队、合唱团、舞蹈队、书画社、兴趣小组等，简直琳琅满目。因此，校园文化艺术活动的组织策划与指导就显得十分重要了。这就需要坚持先进文化的正确方向，以育人为根本目标，努力发展符合实际需要、并为广大师生喜闻乐见，且具有实效的校园物质文化和精神文化体系，真正营造五彩校园的文化氛围。

为此，根据党和政府有关政策和部门的要求以及国内外最新校园文化艺术的发展方向，特别编撰了《五彩校园文化艺术活动》丛书，不仅包括校园文化艺术活动的组织管理、策划方案等指导性内容，还包括阅读、科普、歌咏、器乐、绘画、书法、美化、舞蹈、文学、口才、曲艺、戏剧、表演、游艺、游戏、智力、收藏、棋艺、牌技、旅游、健身等具体活动项目，还包括节庆、会展、行为、环保、场馆等不同情景的活动开展形式等，具有很强的系统性、娱乐性、指导性和实用性。

本套丛书适当配图，图文并茂，设计精美，格调高雅，不仅是广大学校用于开展丰富文化艺术活动的最佳指导读物，也是大中小学学校领导、教师，在校大中小学学生、研究生、博士生以及有关人员学习的最佳实用读物，还是各级图书馆珍藏的最佳版本。

目 录 CONTENTS

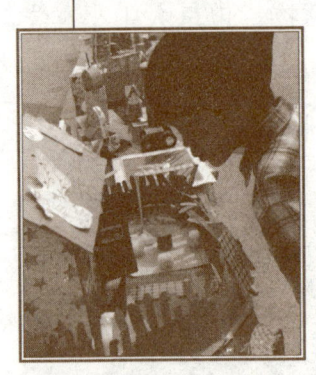

N01. 学校科普教学指导

科普活动的概念和意义......002
开展科普教学的方法.........004
科普课的创新教学方法......007
抓住特点教授科普课.........013
语文教学中的科普教育......016
物理课上的科普教学.........020
生物课上的科普教学.........025
信息课上的科技教学.........031
现代科技的运用...............035

N02. 学生发明创造指导

发明创造的涵义和技法……042
创造发明能力的培养………045
发明创造的主要途径………050
培养创造思维的方法………054
实施发明创造的步骤………057
施行发明创造的措施………060
强化发明创造的技巧………065
创造发明中的师生合作……069
发明创造应注意的问题……072
扫除学生发明创造障碍……080
指导学生发明创造的技巧.086
科学实验与制作的意义……090
科学实验的原则与意义……093
学生科学发明活动的指导.095

目录 CONTENTS

N03. 学生模型制作指导

模型制作内容与组织……100
模型制作活动的开展……104
模型制作的具体步骤……108
模型制作活动的竞赛……112
模型制作活动的实践……114
纸模型飞机的制作实践……118
舰船模型与动力制作……120
车辆模型的制作实践……125
声学制作活动的实践……129
光学制作活动的实践……132
机械制作活动的实践……134

N04. 学生小试验小制作指导

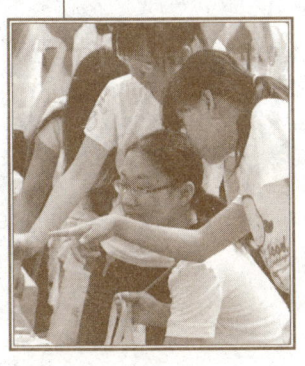

声学小实验小制作............138

磁学小实验小制作............141

电学小实验小制作............144

力学小实验小制作............147

热学小实验小制作............153

机械小实验小制作............156

化学小实验小制作............158

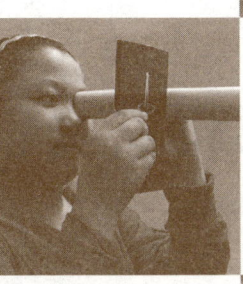

NO1. 学校科普教学指导

科普活动的概念和意义

科普活动的概念

科普是科学技术普及的简称,是指采用人们易于理解、接受和参与的方式,普及自然科学和社会科学知识,传播科学思想,弘扬科学精神,倡导科学方法,推广科学技术应用的活动。

科学普及的特点表明,科普工作必须运用社会化、群众化和经常化的科普方式,充分利用现代社会的多种流通渠道和信息传播媒体,不失时机地广泛渗透到各种社会活动之中,才能形成规模宏大、富有生机、社会化的大科普。

学校是进行科普活动的最佳场所,也是培养科学技术人才的温床,因此,在学校开展科普活动势在必行,而且迫在眉睫。

开展科普教学意义

"科技人才的培养,基础在教育",谁掌握了面向未来的教育,谁就能在国际竞争中处于战略主动地位,青少年是祖国的未来,科学的希望,担负着科教兴国的历史重任。因此,把科普教育作为一项重要内容,非常必要。

现代科技实验教材包含的内容十分广泛,贴近学生的生活,趣味性很强,是加强科技教育,提高学生创新素质的主渠道。

这门课的开设必将增强我国少年儿童的科技意识,全面提高科学文化素质,对从小培养少年儿童学习科学方法,树立科学思想和科学精神，从而成为具有创造精神的，适应新世纪社会发展的建设人才打下基础具有十分重要的意义。

这就需要教师探索行之有效的教学方法，充分激发学生对科技的好奇心，求知欲，调动学生学习的积极性、主动性，使科普课上得生动活泼，兴趣盎然，让学生在自觉参与中求得自我发展，逐步学会做人，做个现代的人，做个科学的人。

开展科普教学的方法

构建科技教育体系

学校应深刻认识未来激烈的科技竞争,实质是教育的竞争、人才的竞争。学校开设现代科技课,就是要科技教育从娃娃抓起,培养他们对科技的兴趣和求知欲,提高参与科技活动的能力,从而成为适应未来社会发展需要的建设人才。

学校对科技教育工作十分重视,在认真学习借鉴外地经验的基础上,经过深入研究、多方论证,构建起一个较为全面、系统持科技教育网络。

校长是这个系统的领导者,负责整个系统正常运转的监控工作。下设科技教育领导小组,指导各实验教师制定研究计划与具体操作实施,通过扎实深入地研究和教学教育工作,最终把学校培养成"爱科学、学科学、用科学,适应未来发展的科技创新人才"。

抓好科技师资队伍建设

高素质的教师队伍是实施素质教育的重要保证。自进行实验以来,学校领导坚持深入课堂,听课指导教学,提高科技教育的质量。每星期抽出一天的业务学习时间,组织实验教师一起学习现代科技实验教材编写总体构想,学习有关加强科技教育的文件和资料及有关的教参、教材等;每两周汇报一次科技教育情况,期末要写出1篇至2篇有见解、有创意的论文,并派教师到先进的学校参观学习。

同时,学校还要聘请有关部门的技术人员作辅导教师,举办科技报告、讲座,为实验教师订阅科技刊物,使教师的专业特长,自身素质有一定的提高。师资水平的提高能为科技教育的全面实施奠定了坚实的基础。

落实课堂教学主渠道

科技教育的主阵地在学校,而传播科学知识、培养科学意识、训练科学思维,提高科技能力的主渠道在课堂。在发挥课堂主渠道作用上,学校应采取"一科为主,多科渗透"的办法,优化科技课教学,充分调动学生学习的积极主动性。

在学科渗透方面,学校应要求教师在吃透教学大纲、教材的基础上,认真挖掘教学内容中的科技教育因素,找出最佳渗透点和结合点,把科技教育纳入教学目标,在课堂教学中进行渗透,发挥各科教学的综合功能,强化科技教育。

开展好科技教育活动

每周抽出一个下午的时间作为全校科技读写活动时间,让学生从家里或图书馆借来科技图书,大家在一起互相传阅、相互推荐,自由阅读、自主摘抄。

学校还可以定期举办手抄本、手抄报、故事演讲大赛等活动,给同学们提供自我展示的舞台。也可以开设特色班,教授科技内容,在特色班教育活动中,学校应坚持做到"五定"、"四有",即定时间、定地点、定教师、定计划、定制度,有组织、有备课、有检查、有成果,做到"实而不死"、"活而不乱",促使学生人人参与、个人发展。

为了激励学生学科技、用科技,学校还应在每学期定一个月为"科技创新月",通过举办科技知识讲座、创造技法辅导,开展小发明、小制造、小论文、小设想等评选活动,丰富学生的科技知识,提高创造实践能力,培养学科学、爱科学的思想情感。学校根据学生的活动情况,可评选出本学期的"科技星"和"科技先进班"。

科普课的创新教学方法

学校在进行科普教学中,应注意让低年级学生在"玩中学",高年级学生在"想中学"和"做中学",具体的教学方法有许多。

探究式教学法

探究式教学法就是教师结合教学内容创设提出问题、解决问题的情境,引导学生接触各种问题的新奇现象,去寻找问题的因果关系,从而启发学生提出问题,让学生带着问题,采用各种方法去做探究性的实验活动,从中得出结论。

运用探究式教学方法上课,教师不再是知识的灌输者,而是学生认识客观事物的指导者,教师的主要任务是引导学生自己动脑、动手、动口,独立思考,独立探索,独立创造,这不仅有利于学生自学能力的发展,而且有利于促进学生创造性思维和独创精神的发展。

例如,教学《稳不稳》一课时,可以启发学生:"不倒翁"为什么总是摇摇晃晃不倒呢?这里面有什么秘密吗?出于好奇,学生很想知道这个秘密,为解开这个谜,可鼓励学生自己想办法去研究,学生通过动脑,动手去获取知识,调动了学生学习的积极性、主动性。

在此基础上,启发、引导学生设计形式各样的不倒翁。通过探究式教学方法的运用,学生不但知识掌握得更加牢固,而且还使学生的动手能力及想象力、创造力得到了有效的锻炼和提高。

角色扮演法

角色扮演法是用演出的方法来组织开展教学。要运用小品、短剧或实况模拟等形式,寓科普教育于表演过程中,把科学性、知识性、趣味性巧妙地结合起来,使教学过程生活化、艺术化。使学生在角色扮演和角色交往中,学习科学知识,激发科学兴趣。

角色扮演法使学生成为教学活动的中心,因此,对他们将要扮演的角色,师生需要共同策划,从学生个性、能力、表现才能等方面加以仔细选择,启发、引导学生对承担的角色作一番研究,领会角色位置,角色所起的作用,角色反映的科学意义等,让扮演者十分投入自己所承担的角色。

教师要及时提醒并灵活解决角色扮演中出现的问题,但必须注意

避免对学生起支配作用,要放手让他们去体验角色,创造氛围。

例如,在教学"我们生活在地球上"这一活动中,课前可把活动室布置成"地球——人类乐园"形式,在黑板上贴上世界地图,在墙的四周挂上美丽的自然环境教学挂图,教室里放上地球仪,学生们戴上自制头饰,扮演成农民、工人、博士、市长、渔民模样,拿着自制道具组织科技活动。

"渔民"可以讲"鱼儿离不开水,有水才能捕到鱼","市长"可以说城市建设需要地球提供资源,"博士"则告诉大家"人类只有一个地球"。

通过运用角色扮演法组织有趣的科技活动能够深深地吸引孩子们,激发他们的思维,使他们认识地球,知道地球是人类共有的家园,从而认识到爱护地球、关心地球是全世界人类的义务和责任,让他们为爱护地球献计献策。运用角色扮演法进行教学有利于学生个性的充分发挥和发展。

合作讨论法

教学过程中通过师生之间、学生之间相互协作、相互交流而获得知识的方法。教学过程如果没有师生之间、学生之间的相互合作、相互交流,其过程往往流于形式,教学目的也无法落实,组织有效的"合作研讨"能较好地解决教学效益问题。

对于科技课上的科技讨论,某些有争议的问题,教师不要争于下结论,而应当组织学生研讨,给每个演机会充分发表自己的见解,同学你一言,我一语,在研讨争论中获得了知识。

"合作研讨法"不仅有助于促进学生的进步发展,而且使学生间的合作与竞争成为可能,使及时的反馈成为可能,使课堂呈现出生动活泼多姿多彩的合作场面,而这种合作正是学生学习和发展的动力,引导着学生积极地思维。

一般在几种情况下，组织学生进行合作研讨：在得出规律性结论之前；在理解知识的关键处；在教材出现难点，学生理解受阻时；某些问题可能有多种答案或有多种解释时都可以引导学生分组研讨。教学实践证明，合作研讨法能使学生在多向交流中进行参与，唤起学生创造思维的火花。

模拟创造法

根据科学教育内容要求，指导学生运用已掌握的科学知识和技能，按照自己的意愿和想象，独立或协作完成某种科技作品或设想，即模拟创造法。这种教学法的出发点和落脚点都应该是"创造"。

在教学过程中，教师要坚持教育学生敢于想、善于想、勇于实践；要多欣赏，勤鼓励，耐心帮助学生。在任何情况下都没有理由伤害学生纯真的心灵和创造的热情。

如在教学《漫画仿生》一课时，教师让学生把某种生物的某种功能和本领与日常生活的需要联系起来，提出一些发明创造的设想，学生充分发挥自己的想象力、创造力，大胆发言，有的说"我想发明一种测温笔，笔芯在不同的温度下会改变颜色，根据颜色的变化，测知物体的温度"。有的说："我想发明一种变色、调温服装，一年四季都能穿，很方便"。

学生发言多种多样，甚至异想天开，显示出非常强烈的创造欲望。对于学生的回答，教师应及时给予肯定、表扬、引导。学生独特的想法得到尊重，得到表扬，能使他们享受到成功的乐趣，有利于促进学生创造性地发挥，创造意识得到有力强化，有一部分学生动手实现了自己的理想。

运用模拟创造法开展教学活动，既能激发学生的学习热情和积极性，锻炼和提高他们的思维能力，想象能力和动手能力，又能够通过创造、设想的全过程，全面检查考核学生智力因素和非智力因素的发展水平。科技课上的创造技法课，除了采用模拟创造法，还采用创造性探讨法，收到了很好的教学效果。

暗示教学法

教学中运用人的无意识记忆，把人的理智活动和情感活动统一起来的，使学生在轻松、愉快的环境中不知不觉得到学生到知识的一种方法。

暗示教学法的关键在于组织和创造学习情境，在教学过程中，可以采用一系列的暗示手段。如优美的学习环境，轻松舒缓的音乐、节拍、抑扬顿挫的配乐朗读、逼真的情景的创设，演生动有趣的短剧，让学生参与到活泼的游戏中。

这样，学生有良好的情感体验，适于引发学生无意识学习的潜能，调动学生全部的身心活动，把他们的注意力诱导和集中到所学的内容上，造成一个最佳的学习心理状态，从而充分发挥学生的潜能，超强记忆能力，最有效地掌握教学的内容，从而提高学习效果。

如教学《孔明灯》一课时，教学开始，教师可让学生边听故事边欣赏图画。学生都是故事迷，有趣的故事能深深地吸引他们。这个故事能使他们仿佛看到1000多年前诸葛亮发明孔明灯，利用孔明灯的情景，不知不觉地了解有关孔明灯的一些知识，同时也激发学生研究孔明灯的兴趣。

这样运用暗示教学法，把知识教学融入故事中，能激起学生的学习热情，把儿童的好奇、好动、好玩和探求知识的强烈欲望，引导到对科学知识的热爱上来，调动学生学习的积极主动性，从而提高教学效果。

另外，在教学中，教师还可以经常组织"接力赛、夺红旗、辩论会、科技活动游戏、科技活动展览、科技知识竞赛"等富有激励性的活动，使学生在竞争的环境中学习、钻研、思考、探索、交流，培养他们互相激励、敢于竞争、不甘落后、永不满足、力攀知识高峰的思想意识。

创设这样的环境不但使学生思维畅通，而且会富于创造，对于培养学生理解、表达、动手、想象、创造等能力也均有好处。

在教学中教师除采用以上几种方法外，还可采用常用的讲授法、实验法、演示法、发现法、观察法、比较分类法等教学方法。通过以上教学方法的综合运用，达到最佳的教学效果。

抓住特点教授科普课

在科普课教学上,教师应抓住学生的心灵特点,激发学生的学习积极性、主动性和自觉性。

知识教学更加生动有趣

俗话说:"理只有一个,法却有千万"。在现代科技教学中,要抓住低年级年龄小、爱玩、爱动、好奇心强等心理特点,灵活运用多种教学方法,使学生在"玩"中学、"想"中学、"用"中学、"做"中学,以取得好的效果。

例如,《小蝌蚪》一课中对于蝌蚪成长为青蛙的过程的教学,如果教师只是平淡地讲小蝌蚪是先长后腿,再长前腿,等等,那学生只会觉得枯燥无味,没有多少兴趣而言。

为了调动学生学习的积极性、主动性、激发学生学习的兴趣,教师充分利用小学生爱听故事的天性,将有关蝌蚪生长特点的知识传授融进《蝌蚪找妈妈》的故事中,使学生在听故事的过程中了解到小蝌蚪是怎样一步一步成长为青蛙的,课下每个同学都会讲《小蝌蚪找妈妈》的故事,都能说出小蝌蚪是"先长后腿—再长前腿……一步一步成为青蛙的"。

再如,教学《垃圾》一课,为了使学生养成不乱扔垃圾,讲究卫生的良好习惯,教师可运用角色扮演的方法,开展"垃圾和我"活动。让学生分别扮演妈妈、小学生、居民等,汇报在产生垃圾、处理垃圾等方面所做的工作，提高学生的学习兴趣。

这种教学方法设计抓住了低年级学生的年龄特点，使学生始终处于学习的积极状态中，不仅牢固地掌握了所学知识，增强了保护环境、保护地球的意识，而且还培养了学生的语言表达能力和初步的想象力和创造力。

学生参与更加积极主动

心理派代表人物布鲁纳曾说："知识的获得是一个主动的过程，学习者不应是信息的被动接受者，而应是知识获取过程的主动参与者。"参与学习活动是学生求知过程中的心理需要，符合儿童好玩、好表现的心理特点。只有创造机会，让学生真正参与学习活动，才能切实增强独立性、自主性、创造性等主体性品质，促进学生生动活泼主动的发展。

在此基础上，又启发学生空气是没有颜色、没有气味、没有味道、透明的、有重量的气体。学生自己动手操作、观察，参与了整个认识过程，不但使知识掌握得更加牢固，而且还使学生的动手实践能力得到了有效的锻炼和提高。

让学生参加学习活动应面向全体学生，人人参与教师指导绝不可"越俎代庖"，凡是学生能发现的、独立获取的知识，教师要多给学生一点思维的时间，让学生多一点表现自我的机会，多一点获取成功的体验，这对于激发学生学习兴趣，活跃课堂教学气氛，培养学生思维能力、动手能力、口头表达能力等具有十分重要的作用。

学生创造意识更加强烈

现代科技课需要学生机智、巧妙、创新、独特的思维参与，而学生的这一思维活动同环境、气氛、情感、兴趣等因素有着密切的联系。对小学生来说，宽松、和谐、活跃的课堂气氛，不仅能激发求知欲望，增强探索的勇气，而且会帮助他们开拓新思路，引发创造灵感。

教师应积极探索创造这种课堂气氛的方式、方法。在教学中要本着多鼓励、多启发的原则，积极引导学生独立思考，多给学生发表独特见解和发明创造的机会。

学生的创新想法或做法无论多么荒唐、幼稚都不能嘲笑，反之要给以鼓励和表扬，以最大限度地激发他们创造的热情，发挥创造性。

例如，科技活动"改造玩具"一课，教师组织学生讨论，"如何改造玩具"，让学生充分发挥自己的想象力、创造力，大胆发言。

有的说"将我的布娃娃改成会叫的娃娃"，有的说"将我的飞机做成会飞的小鸟"。学生发言多种多样，甚至异想天开，显示出非常强烈的创造欲望。对于学生的回答，教师要及时给予肯定和引导。学生独特的想法得到了尊重和鼓励，能使他们极大地享受到成功的乐趣，有利于学生发挥自己的创造才能。

语文教学中的科普教育

语文教学在科普教学中的意义

语文教育要以学生为本,着力于语文素养的整体提高。教语文千万不能只重视知识的传授,技能的训练,而忽视对学生的培养。《小学语文课程标准》中提出:

> 现代社会要求,公民具备良好的人文素养和科学素养,具备创新精神、合作意识和开放的视野,具备包含阅读理解与表达交流在内的多方面的基本能力,以及运用现代技术搜集和处理信息的能力。

未来社会必定是一个科技高速发展的社会,我们的学生如果不具备科技素养,那么,他们将无法跟上时代发展的步伐,甚至有被时代远远抛在后面的危险。

通过语文教学提高科普教学

在语文教学中,教师应该把语文阅读教学与科学教育相结合,充分挖掘教材中的科技含量。让学生在学习语言文学知识,练习语言文学技能的同时,接受科学教育的感染和影响。

这样不仅可以激发小学生学习兴趣,活跃课堂气氛,提高课堂效率,寓语文基础教育于广阔的科学世界中,还可以培养学生观察事物，研究事物的良好习惯，激发学生的创造意识，提高学生的科学素养，也为语文学科教学质量的提高找到新的生长点。

1.吃透教材，挖掘科技含量

对科学知识感兴趣的第一源泉、第一颗火花，来自于教师对教材的分析和对事实的态度，以及对真理的了解。语文教材为我们的科学教育提供了丰富的资源，因此教师在备课时首先要吃透教材。

现代的语文教材，一般都含有一定比例的科学知识。有关于自然方面的，有关于气象方面的，也有关于环保方面的……

归纳起来简直就是一本科学的百科全书。这些知识，大大拓宽了学生的眼界，浓郁了学生的科学文化底蕴。语文教材中的这类课文让老师在语文教学中进行科学教育提供了有利的条件。

2.把握人物精神，培养科学兴趣

行为科学表明，人的情感因素十分重要，常常主宰着学业和事业的成败。科学情感更是一切科学行为之源，因此我们要十分重视学生科学情感的培养。

在教学科学家的故事的文章时，老师可以引领学生通过课文内容的学习、感悟，去体会课文中人物丰富的内心世界，把握科学家的精神实质和熠熠生辉的人格魅力，让科学家们成为他们的榜样和偶像，激发他们对科学的热爱之情。

由此，学生也明白了只要对科学产生浓厚的兴趣，加上目标专一，持之以恒，自己的理想一定能实现的。

3.了解科学知识，激发科学兴趣

兴趣是最好的老师，一旦学生对科学产生了兴趣，那他们学科学、用科学就会成为自己的自觉行为。在社会上，有的家长会用竖筷子、纸上现字等现象宣传封建迷信，一些学生由于没有学过相关的知识，就会信以为真。

针对此类现象，老师可以上一节科普课，让学生自己做明矾写字的实验，筷子直立的实验，这样做不仅能破除封建迷信，还能提高学生对科学的兴趣，使校园的学科学的气氛更加浓厚。

4.利用自然环境进行调查研究

语文课本中有很多内容讲到了关于环境保护方面的问题，教育我们要合理地、科学地利用自然环境，这样，能造福于人类。反之，则会受到大自然的惩罚。

例如，学习《访问环保专家方博士》后，老师可以搜集有关水资源缺乏的资料，让学生增加节约用水的意识。

老师还可以组织学生利用课余时间，走出校门，来到附近的河流，亲眼看看水资源的污染问题。在活动中，老师可以组织学生采集水标本，请科学老师帮忙进行分析研究。

学生通过调查和访问，了解产生污染的原因后，可以写出调查报告，并向当地政府提出倡议，号召家乡人民爱护家乡，爱护水资源，采取科学方式进行综合治理。

开展语文竞赛，渗透科技教育

语文竞赛活动的内容是丰富多彩，它一般不受课程标准和教材的限制，它的存在和发展为开展科技教育创设了一个自由而宽松的环境，也为学生中的科技骨干力量，特别是一部分有科技潜力的学生提供了"冒尖"的机会和条件。

1.科学儿歌朗读比赛

朗诵是学生应该经常举行的一项比赛活动，让学生朗诵爱科学的儿歌宣传科技知识，有利于启迪儿童的想象力，激发他们爱科学的兴趣并培养他们为未来的科学技术现代化而努力学习的责任感。

2.开展电脑作文竞赛

当今时代已进入了高科技信息时代，电脑的运用已开始普及。开展电脑作文竞赛，就是让学生利用电脑直接作文，打破传统的作文方式，让学生深切体会到现代技术手段的优越性，激发科学兴趣。

3.开展机器人设计比赛

兴趣是产生动机的主要原因，是学习的先导，是推动学生掌握知识和获得能力的一种强烈的欲望。当学生对现代科技发生兴趣时，他们就会产生强烈的求知欲，积极主动而且愉快地进行学习。

机器人作为一种高科技的产物，越来越受到科学界的重视，也深受广大小学生的喜爱。因此，学校可以举行机器人设计大赛并要求为设计的机器人写上说明，将科学性、知识性、趣味性巧妙地结合起来，使学生在创作的过程中愉快地学习科学知识，培养科学想象能力。

科学是第一生产力。对学生传授科学知识，进行科学启蒙是教师的一项重要任务。作为语文教师，把语文教学与科学教育相结合，注重渗透，讲究科学，鼓励探究，在实践中提高认识，不断发展。因地制宜的科学教育是有效的，它使学生的思想情感得到了陶冶，操作水平得到了锻炼，创新精神得到了发展，科学素养得到了提高。

虽然语文课不像科学课那样直接对学生进行科学教育，但是，语文学科的性质和语文教材的功能决定了在语文学科中渗透科技教育必须结合语文学科的自身固有特点。

物理课上的科普教学

在最近的百年里,物理学取得了重大的进展,今天的物理学仍在飞速发展,已出现了许多新的领域和全新的物理观念,仍然是现代前沿科学中最为激励人心的学科之一。

面对一日千里的现代科技,物理教师有必要对物理学的现代进展的各个领域有一个概括的、清晰的了解,然后把它们通俗的引进到自

己的教学过程中来。

教学中引进新奇物理知识

教学实践告诉我们，教师应充分利用浩如烟海的网络信息，充分收集和整理那些与物理教学相关的新奇有趣的知识信息，在教学过程中紧扣教学内容，合理组织教学，适时透露或讲述这些知识信息，既能对教学过程起画龙点睛的妙用，又能激发学生学习动机，培养其学习兴趣。

如在讲述惯性一节时，教师为印证质量是惯性大小的量度，可以世界上最大的轮船为例，最后引进惯性的问题。可以告诉学生由于轮船质量太大，所以在航行时遇到礁石等障碍时根本就不转弯，它也来不及转弯，直接就压过去继续航行。

还可以在万有引力定律中引进天文知识，如黑洞，讲述光也无法逃离黑洞引力的束缚。根据第二宇宙速度公式和恒星质量算出黑洞半径不到三公里。

学生们知道大的恒星半径是百万公里，现在塌缩成不到三公里，那么他们除了惊叹还是惊叹。实际上这也在无形之中为我们解决了黑洞半径的估算这一考点。

在教学过程中，只要我们教师花费一定的时间精力，通过网络收集能够紧扣教学内容但又新奇古怪的知识信息，再通过备课组织这些信息，上课时合理创设情景巧妙穿插讲述这些知识信息，不仅能使教师自身知识面得到拓宽，更能开拓学生眼界，使学生对物理产生浓厚的学习兴趣。即使是对物理最排斥的学生也会接受物理的。

通过实验提高学生科技意识

加强实验教学，不仅有助于培养学生的动手操作能力、观察能力、独立分析问题解决问题的能力，而且有助于培养学生实事求是的科学态度、创新意识、创造能力，同时也使学生受到良好的科技意识教育。

许多学生都感到物理"难学"，其原因之一就是物理教学中缺乏实验。在一些经济发达的国家，非常重视物理实验教学和研究问题的方法。我国中学教育正由应试教育向素质教育转变过程中，我们对物理实验教学必须引起高度的重视。

为了研究好这些课题，教师必须研究教材中哪些地方学生感到抽象、容易混淆、接受困难，并结合教学实际，研究解决的方法，努力开发一些直观的演示，同时在教学中引进近代物理学的某些思想方法和现代科学的新成就。

例如，用激发演示光的干涉和衍射，用发光二极管演示电磁感应中机械能与电能的相互转化等。

在实验教学中，可在规定的实验中，适当增加相关演示项目，使教学内容更加丰富，使学生的眼界更加开阔。例如"分子间作用力"的演示，可在两只乒乓球间夹上一段弹簧，球的外侧套上橡皮筋，平衡时，引力等于斥力；增大球距时，引力大于斥力。缩小球距时，引力小于斥力。

这样不仅培养学生对物理的学习兴趣，更多地拓宽学生视野，丰富他们的想象，而且能有效地提高学生的观察能力、分析问题和解决问题的能力。

通过课外活动增进物理了解

由于社会的发展、科技的进步，在物理教学和物理测试中应努力体现"面向现代化、面向世界、面向未来"的精神，使中学物理教学和测试的内容更接近现代物理的发展，体现前沿物理的最新成就。

教育主管部门也明确要求学生要"理解自然科学的基本概念、原理和定律；了解自然科学发展的最新成就和成果及其对社会发展的影响；能读懂一般科普类文章，了解自然科学知识在人类生活和社会发展中的应用"。

因此,要求我们教师在课余时间要指导学生进行课外阅读,了解有关当代物理学前沿的最新成果,使学生理解物理学与技术进步、社会发展的关系,从更广阔的角度认识物理学的进步。

物理课外活动也是加强对学生进行科技知识和科技意识教育的重要阵地。与课堂教学相比,课外活动具有更大的灵活性和选择性。

首先,要指导学生阅读科普读物和举办科普知识讲座。根据学生的知识基础,教师要指导学生阅读有关的科普读物,使学生更多地了解科技知识和科技发展的新动向,增加学生的科技知识,并定期组织"实用物理知识竞赛",以调动学生学习、读书的积极性,使学生掌握更多的科学文化知识,培养学生的科技阅读能力。

科技知识与社会发展、生产、生活紧密联系在一起,在举办科技讲座时,要认真选择材料,或根据有关资料撰写讲稿,根据平时收集

的材料，利用活动课分班级或集中学习。

可以收集军事科学、航天技术、通信技术、空间技术、科学家的事例与贡献等材料，对学生进行思想品德和科学素质教育，还可以联系社会生活中的物理，让学生自己搜集资料在班上进行专题介绍，还可以利用板报介绍科普知识及物理知识的应用。

其次，要鼓励学生将自己学到的知识运用到实际中去，学生可以利用教材中的知识，结合实际去解决生活和生产中的实际问题，如学习"水能风能的利用"后，可调查当地能源使用情况、环境污染情况，并提出改进意见，还可以结合教材中的内容，调查噪声污染、热机的使用、农村用电等情况。

根据学校的实际情况，我们积极组织学生利用课外活动时间开展科技制作活动，如自制电铃、自制平行光源、制作针孔照相机、制作潜望镜、自制量筒、楼梯电灯开关电路等，并组织展评。科技活动的开展，既能锻炼学生的科技制作能力，又能为学生将来工作后自制简易教学用具打下良好的基础。

总之，在现代科技发展和科技教育中，增强学生的科技意识，提高学生对科学技术是第一生产力的认识，物理起着至关重要的作用。

生物课上的科普教学

倡导探究性学习

新一轮生物学课程改革倡导探究性学习，不仅是学习方式的简单转变，更包含着促进学生素质发展的深意和期待。

长期以来，我国的中小学教育，偏重于强调学生对学科知识的机械记忆以及解题的技能技巧，忽视了培养学生对知识的综合应用能力以及创造性地解决问题的技能，因而出现了所谓的"高分低能"和书呆子现象。这一现状与我国高速发展的经济和日新月异的世界科技进步很不适应。

而且，枯燥的知识灌输、学了无用处的思潮，也使不少中小学生厌学情绪浓重，学习被动，充满了只为分数的功利型学习观念和"装卸型"学习方式。探究性学习正是为了改变这一现状而推出的有力措施和新的学习模式。

探究性学习是学生在老师的指导下主动地去探究问题的学习模式。在探究性学习中，学生以类似科学研究的方式发现问题，主动地去获取知识、应用知识，其目的是改变学生的学习方式，引导学生主动参与、乐于探究、勤于动手，培养学生自我获取知识的能力。

探究性学习这一新的学习模式，要求师生改变传统的教师、课本、教室三中心教学观念，改变传授型的教学方式，以适应以学生发展为本的新型教学观念。

创设探究性问题情境

创新并不神秘，这种求异思维的冲动和能力，可以说是人人都有的，是与生俱来的天赋，是人生下来能够适应环境的天然保障。而问题意识、问题能力可以说是创新的基础。

早在20世纪30年代，著名教育家陶行知先生就言简意赅地说，创新始于问题。有了问题，才会思考；有了思考，才有解决问题的方法，才有找到独立思考的可能。有问题虽然不一定有探究，但没有问题一定没有探究。

因此，在教育过程中一定要创设好问题情境，以拓宽学生的探究思路。笔者在生物课外科技活动的辅导中就如何创设问题情境上尝试着改变一些旧的教学方法。

传统的生物课外活动教学方法与一般的校内课程一样，也是传授型的。比如，教师先向学生讲解如何制作植物叶脉标本、腊叶标本、透明浸制标本、蝴蝶标本等，然后示范。接下来学生依样画葫芦，做得一丝不差的就是最好，学生不必动脑筋。其效果是学生思维呆板，活动结果都在预定之中，学生自然少有兴奋、更无创新。

　　为改变这一状况，老师应把课堂放到校外去，例如：河沟里往往有一些烂叶片，捞起来用水一冲，也可得到叶脉标本，这是为什么？能否考虑用浸泡的方法来腐烂叶肉？浸泡的溶液会有哪些？浸泡的过程须多长时间？哪些植物叶片适合用浸泡的方法来制取叶脉标本？

　　这样一来，学生的思路肯定开阔了。他们会调动原有的知识结构去探究该情境中的问题，并积极地从多角度去思考问题、发现问题。

　　比如，有的学生会去用自来水来浸泡树叶，有的则用池塘水浸泡；有的用食醋溶液浸泡，有的用洗衣粉溶液浸泡，还有的用碱溶液浸泡，等等。

　　这些方案体现了学生思维的广阔性，体现了问题情境创设的重要性，教师应及时鼓励，以拓宽学生的思路。

　　对于学生提出的各种制作方法，老师不可以好坏来论断，而是应依据基本原理，就其可能的结果与学生一起讨论，加以分析、比较、筛选，鼓励学生用自己的实验结果来得出结论，让学生们根据自己的想法去进行制作。

　　这样制作的结果当然再也不会是千篇一律的了，有的学生能成功，也有的学生会失败。

　　通过探究活动，最终可以得出池塘水和自来水是理想的浸泡溶液，因为这两种溶液里细菌可以大量繁殖，而酸碱溶液抑制了细菌的繁殖，白玉兰叶片也是理想的材料。

　　学生对自己设计方法并通过摸索进行制作兴趣十足，对做成的标本欢喜有余。在此基础上，老师还可以引导学生思考如何开发叶脉标本的工艺品。

这样经过多次活动以后，学生会体验到探究性学习的乐趣和甜头，并对探究性学习产生兴趣，逐步养成善于提问、勤于思考、乐于动手的良好习惯。

塑造鲜明探究个性

从某种意义上说，没有个性就没有探究，探究过程往往表现出鲜明的个性。教师应该承认学生的个体差异，尊重学生的不同兴趣爱好，同时深入了解每个学生的性格特征、兴趣爱好及特长。

在此基础上实施个性教育，引导学生发展具有探究性的人格特性，鼓励并积极创造条件帮助学生发挥特长，给学生留有更大的选择余地和自由发展空间，塑造鲜明的探究个性。

1.只有科学方法，没有标准答案

非对即错，学习只追求一个标准答案和最高得分是传统的应试教育的一大弊端，这一弊端不仅体现在学生身上，也反映在教师的教学中，严重阻碍了探究性活动的开展。

老师在生物课外探究性活动教学中，应对学生们强调只有科学方法，没有标准答案。对各种问题的讨论只重视你思考问题的科学性、陈述问题的逻辑性，不强调结果的对或错。这样，就可打消学生怕答错问题让同伴笑话的顾虑，引导学生进行独立思考，逻辑推理，把精力放在寻找论据上。

例如，柑橘是日常生活中常见的材料，用柑橘皮来喷杀蚂蚁也是小孩子常玩的游戏，在辅导科技活动时，有位同学突发奇想：能否用大剂量的柑桔油来喷杀蟑螂？

在这种探究性思维的驱使下，同学们分别用类似的植物材料如大蒜、洋葱等来喷杀蟑螂，一个个兴致勃勃，没有被从书上找不到答案所吓倒。

几经周折、几经苦难，消灭蟑螂的环保型材料"诞生"了。一系列的探究过程完全符合科学探究的基本思路，同学们的科学意识提高了，对科学家那种严谨致学的态度也有了一个新的认识。

2.培养学生勤动手、勤动脑

著名教育家陶行知指出，在用脑的时候，同时用手去实验，用手的时候，同时用脑去想，才可能进行创造。

探究性学习必须给学生提供既用脑又用手的机会，让学生动脑动手亲身经历问题探究的实践过程，从而获得研究的初步体验，加深对自然、社会等各种问题的思考与感悟，激发起学生探索问题的求知欲和体现自身价值的创新精神，并养成独立思考和重视解决实际问题的学习习惯。

这样，学生通过用脑——动手——再用脑——再动手反复交替，体会到有时想来很容易的操作问题，实际做起来不简单；反之，有的

思考时很复杂的步骤,在实际应用熟练后,跳跃几步即可到位。

强调动脑又动手、动手又动脑的教学方法,其结果不但灵活了学生们的双手,还活跃了大脑,给了他们跳跃式思维的体验,为日后的解决实际问题能力和创新能力提供了基础。

通过以上教学方法不但使每个学生体验到探究性活动的魅力和乐趣,体验到思维方法和实践操作的重要性,也培养了学生细心认真、凡事要思考的良好习惯,养成尊重科学的道理和重视实践出真知的科学素质。

探究性学习是一种全新的学习方式,在探究性学习中,一个好的教师要采取科学有效的教学策略,精心设计一个让学生感到无忧无虑的空间、一个可以探索、表达、分享思想的自我完善的空间,牢牢记住和把握"学生为主体,教师为主导"这一教学原则,唯有如此,才能进一步提高探究性学习的实效性,才能使探究性学习这一重要课程理念发扬光大。

信息课上的科技教学

学校信息科技是一门新的学科,在学习、实践、总结中,教师可以根据平时的教学实践,使用不同的教学方法。

"伙伴教学"法

"水平差异较大,课难上",这是刚开始教学时面临的最大问题,家里有电脑的学生已经会使用网络寻找所需的资料,而家里没有电脑的学生连开机、关机都不会。

基础好的学生往往让老师又爱又恨。以他们为对象教学,而忽略大部分学生,当然是不合宜的。但以正常进度教学时,这部分优秀学生,因教学内容对他们缺乏新颖性,度过一开始的"炫耀期"后,总不能认真听讲,甚至影响到旁边的同学。

针对这一现象,老师在课堂上可采用伙伴教学法。首先肯定他们使用计算机的能力,并鼓励全班学生遇到困难时先请教他们,如果小能手们不能解决,则请教老师。

老师解决问题时,小能手留在老师旁边学习,老师一面解决问题,一面向他们讲解处理此类问题的技巧,争取下次碰到同样的问题,小能手能够独立解决。

这样"让学生当小先生",已有一定计算机基础的学生给掌握较慢的学生当小老师,既解决了学生原有学习层次差异问题,又培养了学生的协作精神。

实施该教法时应注意：教学时注重差异教学，要有目的有意识地辅导这部分优秀学生，既充分调动他们学习的积极性，又培养一批教师的好帮手，让一个优秀的学生带出一帮优秀的学生。

"教学空隙"法

刚开始教学时，教师应极仔细地备课，设想学生可能碰到的所有问题，并在课堂上详尽讲解，如果不这样面面俱到，学生会理解不透，最终对课堂失去兴趣。

这种教学方法，短期效果很好，学生很快地完成了当天的学习任务，但从培养学生应用计算机能力，思考能力、探索能力角度出发，是得不偿失的，他们很快就忘记了所学的内容，上节课所学的内容到下节课就忘了，上课的积极性也不断减弱。

实际上这种方法并不利于孩子们的成长，他们对这种轻松获得知识的方式不感兴趣，甚至感到厌倦，因为得到知识的过程过于顺利，大大削弱了他们的获得知识的成就感。他们更喜欢通过自己的实践发现问题，再通过自己的思考解决问题，老师太多的帮助、解说，反而剥夺了学习的真正乐趣。

因此，教师在班中可尝试"教学空隙"法，教师可选择一些相对简单的教学内容，采用"粗枝大叶"教学方式，更多内容都是通过学生给学生讲解或学生自己操作来理解、获得。而当学生遇到困难时，老师则热情的鼓励他们自己思考解决。

这不仅是一种有效的教学法，更重要的是它体现了教学的一种新观念，即学生是教学过程的主体，应该鼓励学生尽可能参与探索，养成"发现问题——思考——想办法解决问题"的良好思维习惯，锻炼学生独立解决问题的能力。

这种教法最难把握的是"空隙"的大小，"空隙"太大、太多，学生摸不着门路，"空隙"太少，则学生就没有探索的机会，这两种情况都会导致学生渐渐对这门课失去兴趣。恰到好处的留白是建立在对全班学习情况的深刻了解，和不断尝试，观察，总结的基础上的。

"无为"教学法

我国古代著名思想家老子古时就提出了"无为自化"的教育理念，"无为"指教的方面，并不是说无所作为，而是指教师为学生创造一个能够促进学生自由发展的宽松环境，让学生在一种接近"零"压力的状态下接受教育，而不以"万能的上帝"自居，对学生横加干涉。

这是学生最向往的教学法，虽然被许多人认为是一种理想主义的空想，"给学生宽松的空间，就是给他们吵闹、调皮的机会"，"越放松，越是学不到东西"，但在信息科技的教学中，"无为"教学法却有存在发展的空间。

信息科技课是一门操作性极强的课程，而在实践过程中，讨论、争论是必不可少的，因此不要过多的强调纪律，安安静静整整齐齐不是好课堂。

允许学生适当的"无序"和"超越"，不要压抑孩子，对于有创新的同学更是允许和鼓励。放手让学生去想，去动手试，并对他们的思考给与评价，这样非常有利于提高学生的兴趣，许多知识动手试试

会掌握得更快。

此时,教育虽然隐于无形之中,但教育又是无处不在的。课上教师要时刻关注学生,观察他们的言行,推测他们所处的状况。如果感到孩子经验不够或力量不足则给予适时适当的帮助。如果发现孩子开始出现不良习惯和不良倾向,要及时纠正,在初露端倪时就要杜绝。

总之,努力提高信息技术教学质量是一项复杂而艰巨的工作,这需要教师不断的学习,不断地尝试艺术与智慧结合的更高超的教学方法。

现代科技的运用

在最近的百年里，物理学取得了重大的进展，今天的物理学仍在飞速发展，已出现了许多新的领域和全新的物理观念，仍然是现代前沿科学中最为激励人心的学科之一。

面对一日千里的现代科技，物理教师有必要对物理学的现代进展的各个领域有一个概括的、清晰的了解，然后把它们通俗的引进到自己的教学过程中来。

在教学过程中，适当引进新奇的物理知识

教学实践告诉我们，教师应充分利用浩如烟海的网络信息，充分收集和整理那些与物理教学相关的新奇有趣的知识信息，在教学过程中紧扣教学内容，合理组织教学，适时透露或讲述这些知识信息，既能对教学过程起画龙点睛的妙用，又能激发学生学习动机，培养其学习兴趣。

如在讲述惯性一节时，教师为印证质量是惯性大小的量度，可以以世界上最大的轮船为例，最后引进惯性的问题。可以告诉学生由于轮船质量太大，所以在航行时遇到礁石等障碍时根本就不转弯，它也来不及转弯，直接就压过去继续航行。

还可以在万有引力定律中引进天文知识，如黑洞，讲述了光也无法逃离黑洞引力的束缚。根据第二宇宙速度公式和恒星质量算出黑洞半径不到三公里。

学生们知道大的恒星半径是百万公里，现在塌缩成不到三公里，那么他们除了惊叹还是惊叹。实际上这也在无形之中为我们解决了黑洞半径的估算这一考点。

在教学过程中，只要我们教师花费一定的时间精力，通过网络收集能够紧扣教学内容但又新奇古怪的知识信息，再通过备课组织这些信息，上课时合理创设情景巧妙穿插讲述这些知识信息，不仅能使教师自身知识面得到拓宽，更能开拓学生眼界，使学生对物理产生浓厚的学习兴趣。即使是对物理最排斥的学生也会接受物理的。

通过演示实验，提高学生的科技意识

加强实验教学，不仅有助于培养学生的动手操作能力、观察能力、独立分析问题解决问题的能力，而且有助于培养学生实事求是的科学态度、创新意识、创造能力，同时也使学生受到良好的科技意识教育。

目前，学生普遍感到物理"难学"，其原因之一就是物理教学中缺乏实验。而一些经济发达的国家，非常重视物理实验教学和研究问题的方法。

目前，我国中学教育正由应试教育向素质教育转变过程中，我们对物理实验教学必须引起高度的重视，为了研究好这些课题，教师必须研究教材中哪些地方学生感到抽象、容易混淆、接受困难，并结合教学实际，研究解决的方法，努力开发一些直观的演示，同时在教学中引进近代物理学的某些思想方法和现代科学的新成就。

例如，用激发演示光的干涉和衍射，用发光二极管演示电磁感应中机械能与电能的相互转化等。在实验教学中，可在规定的实验中，适当增加相关演示项目，使教学内容更加丰富，使学生的眼界更加开阔。

例如，"分子间作用力"的演示，可在两只乒乓球间夹上一段弹簧，球的外侧套上橡皮筋，平衡时，引力等于斥力；增大球距时，引力大于斥力；缩小球距时，引力小于斥力。这样不仅培养学生对物理的学习兴趣，更多地拓宽学生视野，丰富他们的想象，而且能有效地提高学生的观察能力、分析问题和解决问题的能力。

通过各种课外活动，增进对前沿物理学的了解

由于社会的发展、科技的进步，在物理教学和物理测试中应努力体现"面向现代化、面向世界、面向未来"的精神，使中学物理教学和测试的内容更接近现代物理的发展，体现前沿物理的最新成就。

教育主管部门也明确要求学生要"理解自然科学的基本概念、原理和定律；了解自然科学发展的最新成就和成果及其对社会发展的影响；能读懂一般科普类文章，了解自然科学知识在人类生活和社会发展中的应用"。

因此，要求我们教师在课余时间要指导学生进行课外阅读，了解有关当代物理学前沿的最新成果，使学生理解物理学与技术进步、社会发展的关系，从更广阔的角度认识物理学的进步。

物理课外活动也是加强对学生进行科技知识和科技意识教育的重

要阵地。与课堂教学相比，课外活动具有更大的灵活性和选择性。

首先，要指导学生阅读科普读物和举办科普知识讲座。根据学生的知识基础，教师要指导学生阅读有关的科普读物，使学生更多地了解科技知识和科技发展的新动向，增加学生的科技知识，并定期组织"实用物理知识竞赛"，以调动学生学习、读书的积极性，使学生掌握更多的科学文化知识，培养学生的科技阅读能力。

科技知识与社会发展、生产、生活紧密联系在一起，在举办科技讲座时，要认真选择材料，或根据有关资料撰写讲稿，根据平时收集的材料，利用活动课分班级或集中学习，可以收集军事科学、航天技术、通信技术、空间技术、科学家的事例与贡献等材料，对学生进行思想品德和科学素质教育，还可以联系社会生活中的物理，让学生自己搜集资料在班上进行专题介绍，还可以利用板报介绍科普知识及物理知识的应用。

其次，要鼓励学生将自己学到的知识运用到实际中去，学生可以利用教材中的知识，结合实际去解决生活和生产中的实际问题，如学习"水能风能的利用"后，可调查当地能源使用情况、环境污染情况，并提出改进意见，还可以结合教材中的内容，调查噪声污染、热机的使用、农村用电等情况。

根据学校的实际情况，我们积极组织学生利用课外活动时间开展科技制作活动，如自制电铃、自制平行光源、制作针孔照相机、制作潜望镜、自制量筒、楼梯电灯开关电路等，并组织展评。科技活动的开展，既能锻炼学生的科技制作能力，又能为学生将来工作后自制简易教学用具打下良好的基础。

总之，在现代科技发展和科技教育中，增强学生的科技意识，提高学生对科学技术是第一生产力的认识，物理起着至关重要的作用。

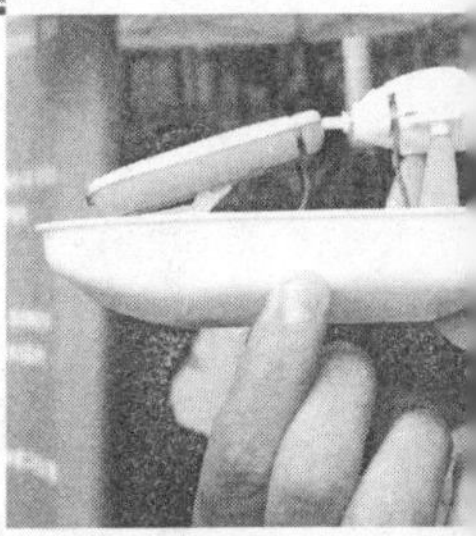

NO2.学生发明创造指导

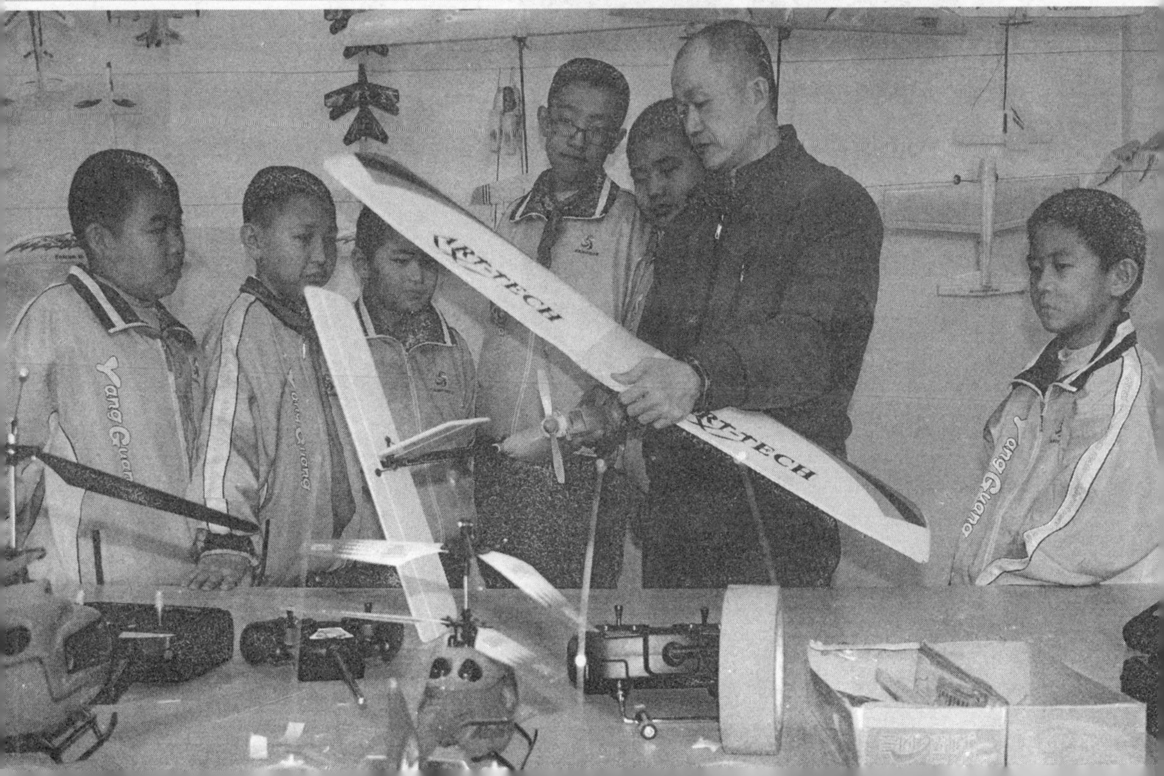

发明创造的涵义和技法

发明创造的涵义

发明创造是指运用现有的科学知识和科学技术,首创出先进、新颖、独特的具有社会意义的事物及方法,来有效地解决某一实际需要。因此科学上的发现,技术上的创新,以及文学和艺术创作,在广义上都属于发明创造活动。

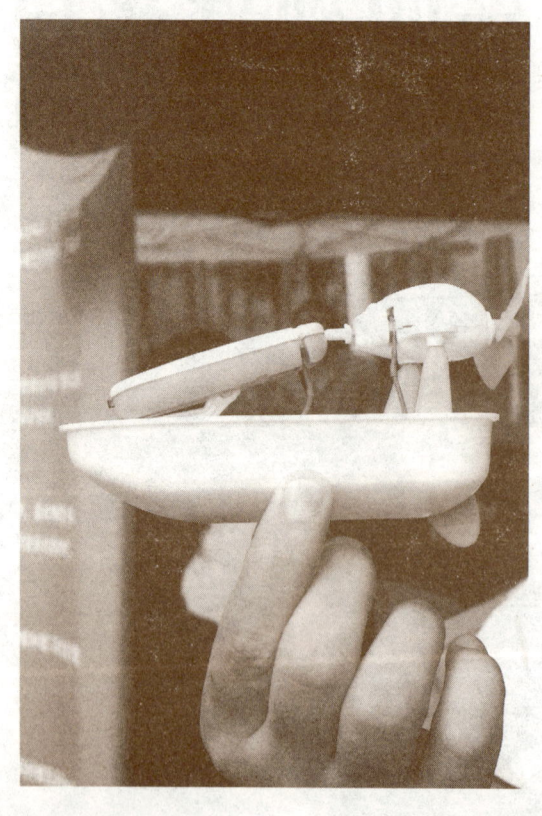

发明创造不同于科学发现,但彼此存在密切的联系。历史上人们利用科学的方法和方式,通过探索、研究、发现、表达、记录、信息传递交流,制作成为口语、书面信息、涂鸦图案、实物产品、科学技术理论、规律揭示,利用自然界存在的或者隐含的人类未知原理等,制作成为可以供生存、生活、生产、交流、信息交换等,具备相当程度的科技含量人类智慧结晶产品。一般地,称之为创造。

所有的创造开端,都是为了造福人类的科学技术活动。

发明创造的技法

所谓技法就是技巧和方法。技巧是人们经验的总结和提炼,它有助于减少尝试与错误的任意性,节约解决问题所需的时间,提高解决问题成功的概率。

在发明创造的过程中,可以运用以下技法:

1.缺点法

缺点法,是指从操作方法、使用对象、功能结构等方面去寻找物品的缺点,通过改正这些缺点来形成创造目的的一种方法。

2.希望法

希望法,也称希望点列举法,就是从社会和个人愿望出发,通过列举希望来形成创造目的的课题。这是寻找发明课题的一种常用的方法.

3.组合法

组合法,就是将两个或两个以上已有的技术原理或不同的产品,通过巧妙的结合或重组,从而获得整体功能的新技术、新产品的创造方法。

4.扩大法

发明技术中的扩大法,就是使现有物品的某些方面数量上变大、变多、或者质量上变好。它包括扩大体积、延长寿命和增加用途等方面。

5.移植法

移植法是将某一领域或某种物品已见成效的发明原理、方法、结构、材料、元件等,部分或全部引进到别的方面。从而获得新成果或新产品。

6.拓展法

将某产品不断向外进行拓展思维,所发现的有实用价值的新思维,并将其设计成可操作的工程。

7.延伸法

在同一个方向上考虑思维下一步的工程。从而把发明不断的推向高尖端。

8.排除法

将所有的错误选项排除在外之后，剩下的选项都是正确的。

发明专利的保护

我国专利法保护的发明创造分为发明、实用新型和外观设计三类。

1.发明

发明是指对产品、方法或其改进所提出的新的技术方案。我国专利法规定，可以取得专利权的发明有两类，一类是产品发明，一类是方法发明。

2.实用新型

所谓实用新型是指对产品的形状、构造或其组合提出的合于实用的新方案。实用新型专利只适用于产品，不适用于工艺方法。

例如，关于机床外型的新设计是产品形状的设计；把旧式电话中分开的受话筒和送话筒合为一体，是对产品结构的新设计；把改革电话机外型和拨号键盘的设计结合起来，就是对电话机形状和构造的结合作出的新设计。

3.外观设计

它是指对产品的外型、图案、色彩或它们的结合作出的富有美感并适用于工业上应用的新设计。外观设计必须附着在产品上，如果离开产品而单独存在，就不成其为专利法上的外观设计。外观设计只限于产品外观的艺术设计，而不涉及产品的技术性能。

创造发明能力的培养

发明创造是科学技术繁荣昌盛的标志和民族进取精神的体现。有学者预言,未来将是一个创造的世纪,而迎接这个创造世纪的主人,正是我们那些在校学习的孩子们。因此对青少年进行发明创造教育,就显得极其重要了。

心理学家研究表明,青少年的好奇心正是他们探索世界,改造世界,产生创造欲望的心理基础。通过开展青少年发明创造活动,鼓励青少年去发现新问题,提出新设想,实现新目标,这是培养他们的创新精神,提高他们的创造力的最好途径。

激发学生发明创造的兴趣

有人说成功者与失败者的最大差别,就在于他们的意志、信念、思想、精神和行为。儿童成功在一定程度上却是始于对某一事物的兴趣上。

可以设想一下,如果一个学生对所进行的活动连一点起码的兴趣都没有,那他肯定连想都懒得想,就更谈不上发挥他的主动性了。所以,在学生中进行发明创造活动时,要充分激发他们探索科学的兴趣。

1.引导学生明白发明创造就在身边

一提起发明创造,人们都觉得挺神秘,挺高深。大人们觉得,那是科学家们的事,孩子们觉得那应是大人的事,谁也不愿去想这个"高深"的问题,谁也不愿去揭开这层神秘的面纱。

因此，在活动中应首先要向学生指出，发明创造离自己很近，它就存在于自己的周围。看得见，摸得着。复杂的不说，单是我们熟悉的用废纸裹铅做成的新型铅笔，其功能与用木材做的铅笔一样，却节约了木材，还不用刀削；用纽扣电池做电源做的只有大拇指大小的手电，既方便又实用。这些物品都是发明创造的结晶。

发明创造一点都不神秘，凡是人们没有做过的，没有想过的事，你做了，想了，就是发明；你在生活中碰到过的不称心，不满意，你给它改进了，就是发明。消除了发明创造的神秘感，就会激发孩子的创造欲望。

2.引导学生知道发展离不开发明创造

古往今来，人类社会的进步，离不开发明创造，发明创造与人们的生产、生活息息相关，发明创造是促进社会进步的动力。

如我国古代印刷和造纸的发明，极大地促进文化交流；指南针的发明极大地促进了航海事业的发展；火药的发明，使整个世界发生

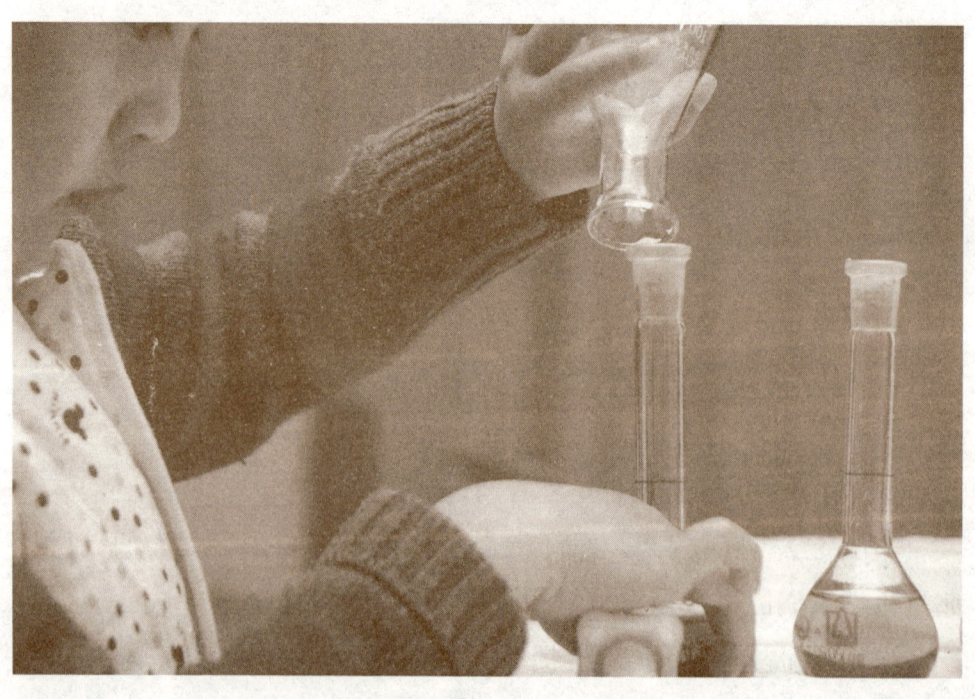

了翻天覆地的变化。今天正因为拥有了诸如大到飞机、轮船，小到汽车、电视等发明创造，才使我们的生活有了新的改变。

3.引导学生懂得信心是发明创造源泉

尽量介绍学生的发明成果，因为年龄相近，知识水平差不多，容易激发孩子的兴趣和信心。通过介绍使学生认识到发明创造其实不难，自己要是认真琢磨，也能成为一个发明家。

4.引导学生坚信发明创造永无止境

引导学生用发展的眼光去看问题。知道世界上的任何事物都是发展的、变化的，不存在永远不变的事物。

知识和技术也是如此，每一种知识都会随时增添新的内容，任何一项技术都会有更完善的方式。用发展的眼光看事物，孩子就会觉得生活中需要我们发明创造的东西还很多，一生中有无尽的机会。

培养学生发明创造的思维

创造思维可以产生创造意识，而创造意识又是从事创造活动的出发点。要使学生具有科学的创造力，必须使学生真有创造性思维。

1.培养学生的直觉思维

"直觉"是人们认识过程中的一种跳跃式的思维形式，它是人类创造性思维的一个重要组成部分，没有一个创造性行为能脱离直觉活动。

科学直觉的产生就像许多经验丰富的医生做出的诊断一样，由于他们积累了许多疾病的表现和特征，因此当观察到病人的某种症状时，很快就能开出治病的良方。培养学生的直觉思维应注意：

（1）积累知识和经验。知识和经验积累多了，尽管可能平时感觉上对直觉思维无意识，在某个外来刺激或紧张思考后会突然涌现。

（2）养成思考的习惯。要注意广泛的联想，这是培养和形成直觉思维的一种重要方法。不但新旧知识之间存在逻辑联系的地方需要联想，对超越原有知识的地方也要联想。

（3）学会注意力的调节。集中注意力思考某一问题，使头脑下意识地考虑这一问题，有益于直觉产生。在紧张的学习思考之后，悠闲地放松一下，也容易产生直觉。

（4）愿意与别人进行讨论。不论是有意识的还是无意识的交流，都有利于获得启示，产生创造的灵感。

2.培养学生的求异思维

求异思维亦被称为发散思维，它的核心是不受常规束缚，竭力寻求变异。可以不受现代知识和方法的局限，不受传统知识和方法的束缚，能多方位，多角度，多层次地提出问题、分析问题，解决问题。

（1）让学生学会逆向思维。三国时期，蜀国丞相诸葛亮所用的"空城计"，所用的就是逆向思维法。利用敌人一向认为他是不会冒险的人，反其道而行之，安然脱险。

通过这样的事例引导学生明白逆向思维就是为达到目的，将通常的思考问题的思路反过来，以背逆常规现象或常规方法为前提，去寻找解决问题的新途径、新方法。

（2）让学生学会转换思维。这是一种人们常用的思维方法，是求异思维最普遍的形式，也就是所谓转换角度看问题。当以原来的思维角度考虑问题而不能解决时，转换另一个角度，就有可能把问题顺利解决。

（3）让学生学会完善思维。早期的电子计算机，主要部件都是电子管，十分笨重，运算速度慢，但是人们不是弃之不用，而是想法完善。

用晶体管代替电子管制造了第二代电脑。然后又用集成电路代替晶体管生产出来第三代电脑。使用一些年后，人们感到它还需要更新完善，于是人们发明了大规模集成电路，用来生产第四代电脑，也就是我们现在使用的电脑。

生活中没有尽善尽美的事，每一件事都会有这样或那样的不足，你发现了，把它完善了，你也就成功了。

提高学生发明创造的技法

加强案例教学。结合实例向学生传授发明创造技法，如有个小朋友发明的"提醒器"的故事就很启发人。

自行车忘了上锁会被小偷偷走，这个小朋友就把启动报警器的开关设计在自行车撑脚上。撑脚一放下，便接通蜂鸣器。

切断电路安在环锁上，上锁的同时线路被切断。这样把撑脚、蜂鸣器、锁"联一联"就成了自行车提醒器。类似的方法如"加一加"、"减一减"等十余种儿童发明技法，对学生的发明创造都很有实用价值。

合理指导学生进行选题

选题是发明创造的第一步，它决定着发明创造的方向和目标。对学生而言，选题的范围很狭小，所以选题时应尽量本着"小"的原则，引导学生从自己的身边选题。

要引导学生观察自己周围的事物，哪些是感到不称心、不顺手及不方便的事物，你怎样去改进它，使它更称心，更顺手，更方便，从而选出自己发明创造的选题。

选题要力所能及，要看自己的知识水平和能力。选题确定后，指导老师要千方百计地让学生去独立完成，切不可包办代替，这样做尽管进度会慢一些，但却可以培养学生独立的创造精神。

发明创造的主要途径

青少年是祖国的未来,他们的科技素质和创造能力将在很大程度上决定着民族的命运。因此必须从小培养他们的科学素质,激发他们的创造热情。实践证明,开展小发明、小创造活动是一条重要有效的途径。

改变传统的观念

一提起发明创造,人们往往认为这是成人的事情,跟学生无关。原因何在呢?其实一般人之所以不能进行发明创造,是由于他们对发明创造的原理不了解,不会运用。

发明创造原理告诉人们,人人都有发明创造的潜力,关键在于如何开发和运用这种潜力。一旦老师、家长和学生知道这种情况后,就不会觉得发明创造是高不可攀的,从而使思想上打消了顾虑,为开展发明创造活动奠定了思想基础。

可以这么说,学生完全可以搞小发明创造,关键在于教师是否会正确地加以引导。

必须符合的标准

发明创造出来的作品的标准是新颖性、实用性和先进性,这三点缺一不可。

1.新颖性

为了保证发明创造具有新颖性,从事发明创造的人应该查阅技术档案和专利资料，以确保自己的工作不是在简单重复前人的劳动。这对于学生来说具有一定的难度，这就需要老师的指导。

教师首先要让学生搞在前人的成果上进行"改进性发明"，然后再在达到一定的水平上再搞"全新性发明"，这样使学生较容易成功。

2.实用性

如果一项发明创造搞出来后，对现实生活毫无用处，或者成本太高，就无法向社会进行推广，换句话说，就是没有实用性。这一点教师在指导学生搞发明创造时要特别注意。因为学生想象力虽然很丰富，但往往容易与现实脱离。

3.先进性

一项发明创造出来的作品必须给人带来便利或节约了资金，才具有先进性。这一点教师在指导时必须引导学生进行纵向比较，然后才能得到结论。

教会学生选题

选题是发明创造的第一步，它决定着发明创造的方向和目标，在一定程度上规定了发明创造的价值和可行性。学生搞发明创造，首先遇到的麻烦是如何选题。主要有两点原因。

一是学生年纪小，知识少，生活范围窄，如果要求他们超出自己的生活范围和能力去发现问题，搞小发明创造，是不符合学生实际情况的。只有启发引导学生在自己生活周围去发现问题，搞小发明创造才是正确的。

二是学生不善于观察生活，解决问题。学生不善于观察生活，更不善于发现问题，也就谈不上解决问题了。

教师平时要训练学生留心观察生活周围的事物，从而最终形成观察的习惯，为搞小发明创造创设了必要的条件。

总之，把哪些生活中熟悉的事物有什么不方便，落后的地方提出来，即产生了选题。如有个同学发明的"防烫手热水袋"，就是他用热水袋装水的时候经常烫到手，于是就分析了原因，把原来的热水袋加以改进。

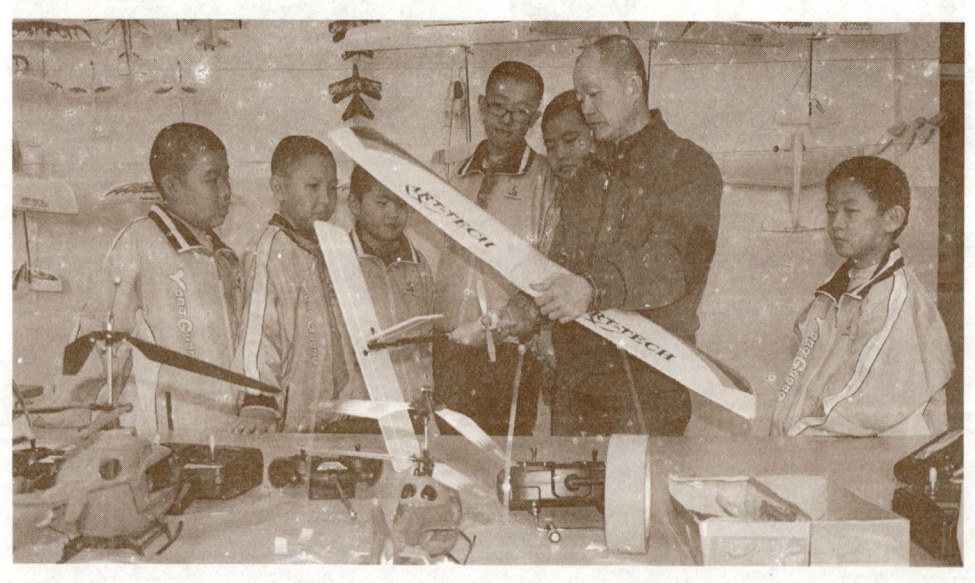

因此可以说，选题并不难，只要留心生活中的事物，有什么不太"对劲"的地方，然后在分析原因，也就产生了"选题"。

教授发明创造方法

常用的发明创造的方法有缺点列举法、联想法、移植法、偶然发明法、逆向思考法等。运用这些方法的目的在于提出创造性的设想和方案，一旦创造性设想和方案产生，就可进入验证和实施阶段，最终才能形成一件发明作品。

如有个同学利用缺点列举法发明的防流水菜板，就是看见妈妈在菜板上切菜时水经常流到地上，然后利用这个缺点，而产生了发明设想。所以说，让学生掌握一些常用的发明创造方法非常必要。

克服发明创造障碍

由于发明创造涉及到的面较广，事先很难预料，再加上学生自身的特点，肯定会出现或多或少的障碍。主要表现在以下几个方面：思维定势、知识面窄、信息饱和、自我过高要求、制作等。该怎么解决这些问题呢？

一是作为教师，就要使学生在平时打好知识基础的同时，尽早参与发明创造活动，从中积累经验，逐渐了解发明创造的原理。

二是学生在搞小发明创造过程中，如果遇到问题，教师要加以启发，但千万不能包办。同时注意发挥集体的力量，即共同研究、互相启发、相互补充。

三是要经常进行发散性思维训练，从而使学生的思维活跃，不呆板。如有个同学发明的"书式黑板"，最初她是根据宾馆的旋转门而想发明一种旋转式黑板，但是放在教室里，就不切实际了。后来教师根据书的制作方法来启发她，从而发明了"书式黑板"。

以上事例告诉我们：学生在发明创造过程中一但遇到自己不能解决的问题，只要教师加以适当的引导，一定会成功的。

培养创造思维的方法

小发明活动的选题主要来源于日常生活和学习用品。学生容易发现其缺点和不方便处，然后想办法改进，或对前人没有想过和做过的事，大胆地设想和创造，就能产生小发明成果。

学生通过小发明从而产生成功感，激发创造潜能。小发明活动作为提高学生创造能力的一个重要途径，对于培养学生的创造精神，创造性思维和创造个性起着极其重要的作用。对于培养未来科技人材以至提高全民族的创造能力也是十分有益的。

激发学生的创造欲望

提到创造发明，人们必然与张衡、蔡伦、爱迪生、瓦特联系起来，认为发明创造是发明家、科学家的事，普通人是搞不出发明创造的。

学生也无一例外地认为创造发明就是从无到有，凭空想象制作一样有用的东西出来，而且必须惊天动地。

学生们对创造发明怀着神秘感、神圣感，也充满着自卑，决不相信自己能搞发明创造。因此，要搞好发明创造活动首先要打破创造发明神秘论和学生的自卑感，激发学生对发明创造活动的兴趣和欲望。

在教学过程中，老师要时时通过浅显生动的方式激发学生的创造发明的兴趣，还可以把学校自己的创造发明作品和得奖情况进行展示，通过这些典型事例的介绍，使学生明白发明创造并不神秘，并不是高不可攀，发明创造就在我们身边。

我们也经常引用教育家陶行知的一句话"处处是创造之地,天天是创造之时,人人是创造之人"来鼓励学生参与创造发明活动。

在老师们的引导下,原来对发明创造不感兴趣的学生充分认识到了发明创造的作用,产生了别人能做到的,我为什么不能的创造欲望,试一试的念头也油然而生。学生对发明创造的兴趣被充分激发出来。

爱因斯坦有句名言"兴趣和爱好是最好的老师",学生的兴趣浓了,教师就能因势利导,充分发挥学生的积极性和主动性,把学生引入创造的天地。

注重学生创造思维训练

创造思维是发散思维与聚合思维的有机结合,发散思维是构成创造思维的最重要成份。因此,培养和训练学生的创造思维,就要着重训练学生的发散思维与聚合思维,特别是发散思维。同时,也应通过集中——发散——集中——再发散——再集中的思维活动过程,培养学生的集中思维的逻辑性与严密性。

比如,我们在训练过程中,让学生讲出更多的钢笔的作用,一开始同学们只讲钢笔能写字、可以画画。这时,教师就启发引导学生,把自己的思维扩散出去,你还能再找到些什么用途,或把钢笔改一改有什么新的用途。

这样,学生的思维一下子就会活跃起来,说出更多钢笔的作用。比如,我们展示一支筷子或在黑板上画一圆,问学生这是什么?在学生只表面说出这是什么的基础上,引导学生的思维扩散出去,产生更多的联想。这样通过一段时间的锻炼,学生的扩散思维和想象能力就有很大的提高。

在课堂教学中注重对学生创造思维的培养。在教学中,经常提一些开放式的问题,或者提一些有争议的问题,给学生思考的空间,让学生的思维活跃起来,发表自己的见解,或课后进行探索研究。这是思维训练的有效方法，而且这个方法可渗透于各学科。

在教学中提倡学生自由思考，大胆想象，灵活变通，使学生不仅习惯于单向思维，而且善于进行逆向思维、多向思维。

有时候在上课之前，先给学生做一些脑筋急转弯或一些智力题。这样，一方面使学生的上课兴趣得到提高，另一方面，使学生的思维得到锻炼。

布置一定量的具有创造思维的作业，也是开发学生的创造思维的有效途径。我们利用节假日的时间，布置一定的作业，如：爱鸟画的设计，玩具的设计、漫画的设计、小报/板面的设计、利用废旧物品制作一些小玩具等。这样既丰富了学生的课余生活，又使学生的思维得到锻炼。

教师在指导学生进行创造性思维实践的过程中，一应尊重学生的首创精神，爱护他们的积极性，鼓励他们"异想天开"，不求一开始就成熟；二应支持学生大胆实践，学中干、干中学，逐步总结提高，不求一下子就成功；三应指导学生选准重点，总结提高，做到有所取舍，集中集体智慧，不求一揽子都解决。四应欣赏学生，不但欣赏成功，而且欣赏错误。

实施发明创造的步骤

小发明是我们科技活动的重要组成部分,也是全国青少年科技创新大赛的比赛项目之一,其内容广泛、趣味性强,深受中小学生的欢迎。

小发明活动又是提高学生创造能力的一个重要途径,对于培养学生的创新精神和实践能力起着及其重要的作用。当你具备了一定的发明创新的方法后,还要在开展小发明活动中作到:勤积累、多观察、巧动手、善交流、精制作、巧命名。

勤积累

积累和掌握一些基本科学知识和技能是小发明的重要前提,要利用课余时间阅读科普书籍,作好学习笔记,通过运用再学习就能逐步提高科技能力为小发明的开展奠定基础。

好的习惯决定人的一生,为培养学生的良好习惯,我们的作法是准备一个小本子,命名为"灵感集",当灵感产生时马上记录下来。

美国心里学家研究得出灵感产生于大脑,只能保存三秒钟,好的灵感你不记录下来,到用时你是无法找到的。甚至强制自己每天提出几个问题,一周后反思归纳,选出具有研究价值的问题,再进行探讨研究,也许你就能找到发明的素材。

多观察

小发明的选题主要来源于日常生活和学习中,我们要多观察生活和学习中的不便,选择各种来自身边而又有研究价值的实际问题进行探索、构思和设计,然后实施验证,最后形成结果。让他们把自己的想法说出来,虽然有许多奇特而不切合实际的幻想。

这是很正常的,人类的发明创造就是在前人幻想的基础上实现的。学生的观察力是多角度的,不要把我们的思维强加给他们,让他们自由的发挥,你就会有惊喜的发现。比如,我校武婷同学发明的"雨夜照明伞"就是一个很好的例证。

巧动手

有了好的发明设想,你还必须亲自动手制成样品,许多设想、方案经你反复修改,你认为很完善,似乎是可行的。但一付储实践,就会出现一些异想不到的缺点或解决不了的实际问题。

所以,一件小发明还应将他制成样品,在制作过程中对你的方案进行修改、验证,发现问题及时解决。如不能解决的还要提出改进意见。

善交流

把你的想法,设计方案及制作中出现的困难讲出来,既能营造一个小发明的浓厚氛围,又能在分享成功快乐的同时,对你的设想方案

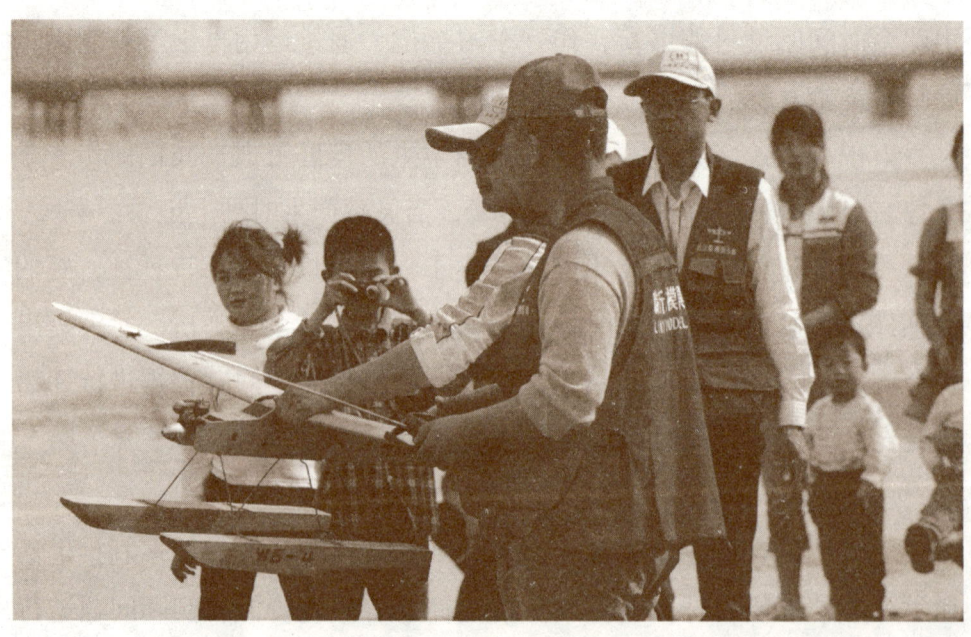

提出修证的意见、建议，集思广议，使你的作品更加完美。

精制作

你的样品尽可能精致。从今年参加第二十二届科技创新大赛展品看，我们以前所有作品都太粗糙。

当你的发明已经定型时，你最好不要怕麻烦，尽可能地选择好的材料，精心进行制作，把以前制作中存在的问题，即美观性、灵活性、制作工艺等进一步改进，甚至可以请一些专门的生产人员利用比较先进的工艺，加工成最精品。

巧命名

给你的作品取一个很时尚的引人入胜的名字，会使你的作品增色不少。这个名字既要能概括作品的特点，又能引起人们的注意，特别是引起评委的注意，你的作品就成功了一半。

施行发明创造的措施

学校的发明创造教育活动，是指教师运用创造教育理论引导学生学习掌握简单的发明方法和技巧进行发明创造，从而培养学生的创新意识、创新精神、创造思维、创新能力及个性品质，促使学生形成良好的创新素质。

营造发明创造氛围

兴趣是最好的老师。在对学生进行发明创造教育时，营造一个"人人是创造之人、天天是创造之时、处处是创造之地"的氛围是非常有必要的。

学校在"科创"教育活动中，可通过组织开展"小发明信箱"、"创新方案设计大赛"、"奇思妙想"、"金点子创意"、"亮眼睛行动"等活动来激发小学生的发明创造兴趣，营造人人争做"小问号"、"小发现"、"小能手"的创新氛围，引导小学生在丰富多彩的实践活动中发现问题、研究问题、解决问题。

让学生在探究的过程中获得实实在在的收获，使他们体验到"处处是创造之地，时时是创造之机，以幻想为快乐，以创造为光荣"的发明乐趣，为学生创新意识和能力发展提供一个校园大氛围。

同时，利用课堂对小学生进行教育，教学效果的好与坏，关键也在于在课堂学习中创造性氛围，如果教师能够很好地引导学生积极思考，敢于表达自己的见解，会使其创造潜能得到最大限度的发挥。所以，教师在教学中应注意激发兴趣，鼓励学生探索求异，为学生营造一个充满创造性的课堂氛围。

营造学习知识氛围

教师在引导学生进行创造发明之前，必须让学生明白：没有深厚的文化基础知识就不可能有所成就，也不可能成长为高素质的创新人才。

我们要从两个方面引导学生：一方面要求每个学生必须掌握和理解一些发明创造的基本方法和技能，如缺点列举法、组合发明法、联想发明法、实例发明法、移植发明法等等；另一方面要求学生学会思考，要密切联系生活，并运用所学发明创造的知识巧妙解决自己生活中遇到的难题。

对于那些爱好发明创造而不太注重文化知识学习的学生，教师可以以一些案例故事教育他们，例如发明家张开逊教授走向成功之路的经历。

张教授之所以能成为当代世界很有影响的发明家，是与他渊博的

知识分不开的。也就是说，发明必须以扎实的文化知识做基础，现代杰出创新人才必须是知识渊博者。

调动学生学习积极性

由于受年龄和知识掌握情况决定，学生尝试进行发明创造时最困难的是找到好的选题，那么如何帮助学生确定选题呢？

教师在课堂引导时，不能采用传统的教学方法，只凭一张嘴、一只粉笔、一块黑板来讲授，这样学生会感到枯燥乏味。教师应利用自己熟悉的优秀发明作品，引出问题，创设情境，活跃课堂气氛，吸引学生积极参与。

如在讲授"联想发明法"时，可特地设计"用联想发明技法进行发明选题"的活动课，先展示一些学生的优秀小发明作品，用幻灯片在屏幕上投影出这些作品选题产出的大致过程，让学生根据自己的生活经历，联想出一个或几个发明课题，再将部分学生联想获得的选题用幻灯片展示在屏幕上，让学生思考，进行第二次联想活动。

经过几次反复，每位学生的课题都得到了展示，便让学生根据自己的体会，总结出"联想发明法"的要领。这样，人人享受到了成功的喜悦，课堂主体作用得到了充分发挥，学习发明创造理论的热情更加高涨，也为小学生进行发明创造活动时探求选题指明了方向。

注重学生的思维训练

开展学生发明创造活动，对于训练学生的创造性思维能力有非常大的作用。在活动中，教师要特别注重对学生进行系统的思维训练，如进行发散、想象、联想、类比、组合等思维的训练，以促使学生创造性思维的发展。

通过训练，重点帮助学生掌握创造性思维的两种方法，即充分发挥想象力，突破原有知识圈而产生新设想的扩散思维方法和通过分析、比较、推理等手段，寻找最佳答案的集中思维方法。

鼓励他们打破常规，多方联想，以启发式调动其"灵感"，激活他们的创造思维，直至达到"入迷"的境界，渐渐形成自己的创新思维方式，并获得好的思维成果。

如有同学发明的"紫外线杀毒马桶盖"、"多功能的饮料瓶"等，就是他们通过观察生活中的自然现象受到启发，通过联想思维方法获得的创新成果。还有同学发明的"隐形可伸缩乒乓球网"、"桂花采集装置"等，就是他们运用逆向思维技巧获的好成果。而有的同学发明的"安全雨衣"、"姊妹小鼓棒"等，则是他们利用组合思维方式获得的优秀成果。

树立学生发明自信心

中小学生由于受各种条件和能力的限制，发明创造对于他们来说，比成年人要困难得多。老师要采用多种形式帮助学生消除"发明创造高不可攀"的畏难情绪，树立"别人能做到我也能做到"的坚定信念，启发他们注意观察身边事物，从学习、劳动和生活中寻找课

题，然后鼓励他们大胆创新和发明。

学生在课题实施中遇到困难，难免会产生波动情绪，这就需要辅导教师加以理解，抓住时机进行适当的引导与学生共渡难关，应及时激励他们："这个难题你一定能够解决好，多想想便可突破"！

学生听了之后自信心猛增，很快便进入了独立解决难题的兴奋状态，并通过不断努力，最终找到解决难题的好方法。从而有效地培养学生的创新毅力，为学生完成自己的发明作品做好坚实的后盾。

中小学生发明创造活动是一种实践性很强的活动，教师要从学生生活实际考虑，合理安排其实践的广度和深度，否则就会走入发明创造的死胡同。

老师应从培养学生创新能力的需要着手，联系生活组织学生进行了一系列的发明创造实践活动；如运用调查法、参观法、情报分析法、专利检索法等寻找发明课题的实践；运用组合法、移植法、智力激励法、逆向构思法等进行解题的实践；运用废物利用、教具改革、学具创新等进行动脑动手相结合的实践；应用实例发明法改进原来发明作品的不足的实践等等，使学生的发明创造能力真正获得提高。

总之，作为中小学生发明创造活动的辅导教师，只有自己在教育教学工作中不断创新，努力探索辅导学生进行发明创造的方法和途径，才能提高学生的发明创造能力，才能使学校的科技教育上升到一个较高层次，真正使学生的创新素质得到培养。

此外，培养中小学生的科技发明创造能力不只是学校和老师的任务，要靠社会和家长的大力支持。这样，才能为孩子们创造一个更好的发明创造环境。

强化发明创造的技巧

培养创造型人才，尤其是要培养从事发现或发明活动的创造型人才，就必须要培养他们娴熟地掌握和应用发现的方法或发明的方法。在活动中，适当地开展发现方法与发明方法的训练。遵循正确的途径可以使你的发明变得简单、易行。常用的发明方法有许多。

偶然发现法

顾名思义就是偶然的发现，如果你对偶然的发现、突发奇想不去思考，这些发现、奇想就会像闪电一样一闪既失，不会有什么结果。但是我们必须明白，现实生活中的所有现象都有它存在的道理，偶然出现的事物也有它的道理，只要我们抓住不放，那就可以通过它发现这些道理搞出一些发明来。

水龙头对于我们来说是最常见的，好像没有什么可发明的，但就是有人在水龙头上大做文章，搞出了新发明。他就是昆明科技有限公司经理姜立人先生，他发明的"向上喷水的水龙头"就是突发奇想的结果。

在一次淋浴时，他拿着淋浴喷头为自己冲澡时淋浴器喷出的水直

接喷在了他的脸上好舒服呀,哎,平时洗脸时也这样喷一喷多好。

于是他开始研究,终于发明出了"向上喷水的水龙头"。经过试验洗脸时的用水量只有平时用水量的五分之一,能够节约大量的水。他的这一产品已经远销欧美等许多国家,实现了产业化。

联想发明法

有的发明,是靠联想成功的,如有一个同学发明的"售票窗口防盗镜"就是一个典型的联想发明的例子。俗话说,说者无心,听者有意,他的一位叔叔从外地回来和他爸爸在闲谈中,说这次回来在车站买票时被小偷掏了腰包。

站在衣柜前打红领巾的他,从镜子中看到身后的一切物品,由此他联想到能否用镜子把身后的人物反射到购票人眼前,起到警示作用。后来,经过他多次的实验,老师的指导,终于利用镜子的反射原理发明出了"售票窗口防盗镜"。

挖掘潜力法

挖掘潜力法就是破除守旧观念,注意被忽视的事物,使物尽其用,说白了就是变废为宝,一改多用或一改它用。在变废为宝的同时,使其更加环保,更加节约资源,更加经济。

如用废报纸生产的铅笔的发明者刘玉春原是一名记者,他发现出版社每天有大量的废旧报纸,在他外出采访的过程中,也发现各机关单位有大量的废旧报纸,他利用工作之便作了大量的调查。

后来，他下定决心辞去了工作专搞发明，终于经过七年的艰苦努力，他发明的用报纸生产铅笔获得了成功。在每年为国家节约大约大量林木的同时，实现了产品的产业化。产品也进入了欧美市场，带来了具大的经济效益。真正实现了废纸换美元的目的。

移植发明法

移植发明法也可称转移发明法、或嫁接发明。就是把已知的原理或熟悉的部件，运用到新的发明上来，这种技术上的移植，是发明创造的一条重要途径，而且往往是一条捷径。

比如，汽车是现有的，太阳能电池是现有的，那么把太阳能电池运用到汽车上即成为太阳能汽车。这即是成功的事例。

四川的白新城同学就是根据吸尘器的原理，加上黑板擦，发明出既擦黑板又吸走粉笔灰的"迷你袖珍吸尘器"，它还可以用在生活的许多地方。

列举发明法

既有对其希望的列举，又有对其缺点的列举。有很多东西，当你看惯了，就会认为没有什么值得改进和发明，可是你用新的眼光去看它，同一个事物，就会有不同的看法。

就是看身边使用的东西，有什么不方便，不顺当，不如意的地方。它的缺点如何克服，克服的过程既是发明的过程。经过改进，缺点克服了，新的产品出来了，新的发明也就成功了。

或者你对身边的事物，可能有一些希望。当这些希望得到实施以后，发明也就成功了。

如有的同学提出设想，能不能发明"多功能手杖"，他想：老人用的手杖能不能增加其功能，变成坐椅，使老人在转游的同时能够坐下来休息。这些设想的提出，都来源与对生活的观察，对生活的热爱。

这在培养学生发明创造的同时，培养他们服务与人，服务社会的良好品质。这可是一举多得的好事，我们何乐而不为呢？

适应需要发明法

了解我们身边有什么需要，也是我们寻找发明目标的重要途径，经过仔细观察，充分调研，抓住生活、工作、学习中的某些需要，下工夫进行研究，就能创造出受人欢迎的产品。

青少年参加科技活动，不是在进行真正意义上的科学研究，而是学习科学研究的方法，是接受科学教育的过程，因而提倡青少年要从自己的学习生活和社会生活中选择题目，也就是要研究身边的科学，探索身边的奥秘。

日本的安藤每天都看到许多人在车站旁的饭馆前排队，等着吃热面条。有一天，他突然灵机一动，如果能生产一种"只用开水一冲就可以吃"的面条，估计居家旅行者都会愿意大量购买。

于是，他毅然确定了开发"方便面条"的发明课题。安藤百福马上投入发明试验。他买来一个轧面机，为了实现"方便、简易"，他想到"油炸"，这样，可以很快就把面条炸干，便于贮存。

经过长达三年的苦心钻研，安藤百福终于研制成功了"鸡肉方便面"。现在方便面已经进入我们的生活。

思维风暴式

这是美国奥斯本提出的一种寻求发明创造的方法，要求通过特殊的会议，使参加者相互启迪，引起创造性设想的连锁反应。

检核表法

就是利用分析借鉴，看它能否他用、能否借用、能否改变、能否扩大、能否缩小、能否替代、能否调整、能否颠倒、能否组合。

创造发明中的师生合作

学生是创造发明的主体,教师是创造发明活动的指导者。作为辅导教师,应该充分认识到学生是创造发明的主体,在开展活动中教师不能包办、代替。

老师不是课题的批发商,学生的创造性和洞察力是课题的真正源泉。课题的发现本身有助于发展学生的创新精神,培养学生发现问题

的能力。这就要求我们处理好与学生在创造发明中的位置关系。

教师是探索活动的组织者与服务者

当你和学生一起面对课题时,你不再是知识的辐射源。你是学生创造发明的组织者,服务者,要善于给学生搭建一个创新活动的平台,着重帮助解决研究所需要的资源问题。

课题研究活动必须为发展学生的"天才行为",促进拔尖人才的脱颖而出做出贡献。教师应当为更多青少年新秀脱颖而出、健康成长创造更多机会和条件。让他们在学习、交流、展示、竞争、拼搏中成长成熟,早日成为建设祖国的栋梁之才!

如果一味地追求比赛的高成绩,以教师的智慧替代学生,那么可能会得到一时的荣誉,然而却抹杀了学生的创新思维,最终也将失去我们教育的真正目的。

教师是科学方法的示范者与导航者

在学生发现问题，提出问题的基础上，重视对学生研究方法的指导，这是研究型课程的主心骨，其目标是教会学生怎样去研究。

学生应在教师的指导下，尝试问题的解决。在解决问题的过程中，教师要善于创设脚手架，替他们搭建解决问题、合作交流的平台，引领学生创造奇迹。培养学生解决问题的能力，同时要提醒学生少走弯路，少做一些无用功。

研究出现一些意外时，教师的辅导要做到"到位而不越位"，要善于引导同学把握转机，尽量让学生感觉到是自己在发现，同时要做个日常的呵护者、辅导者。教师应与学生合作展示问题解决的全过程。

教师是学生作品的欣赏者与体验者

对于学生的作品，无论好与坏，都要给予足够的重视，给学生给予高度的评价，并且对学生作品进行面对面的讲评，指出作品的优劣，启发改进思路。

大家一定知道爱迪生小时候做凳子的故事。就是那个做得很糟糕的凳子，也是他的最佳创作。当我们面对这样的作品时，呵护一个具有创造精神的心是最重要的，只有这样才能更激发起学生的创作欲望，使学生获得成功的体验，也更能有效的开展创造发明活动。

教师是学生创造发明的情感激励者

鼓励比参与更重要，要真正成为学生"灵魂"的工程师，善于运用评价技巧，激励学生主动发展。只有对心灵力量有信心的人，才能达到成功。

发明创造应注意的问题

让学生知道发明创造作用

发明创造是很伟大的,人类就是依靠发明创造才懂得使用工具,才懂走出洞穴成为现代人,才懂得使用火把,把光和热带给人间。

发明创造使人类的许多幻想变成了现实,比如,卫星上天、火箭升空、飞船登月、克隆动物这些都是人们依靠发明创造实现的。联系前不久我国载人航天飞船成功发射并顺利回收,圆了中国人千年的飞天梦想,靠的也是发明创造。

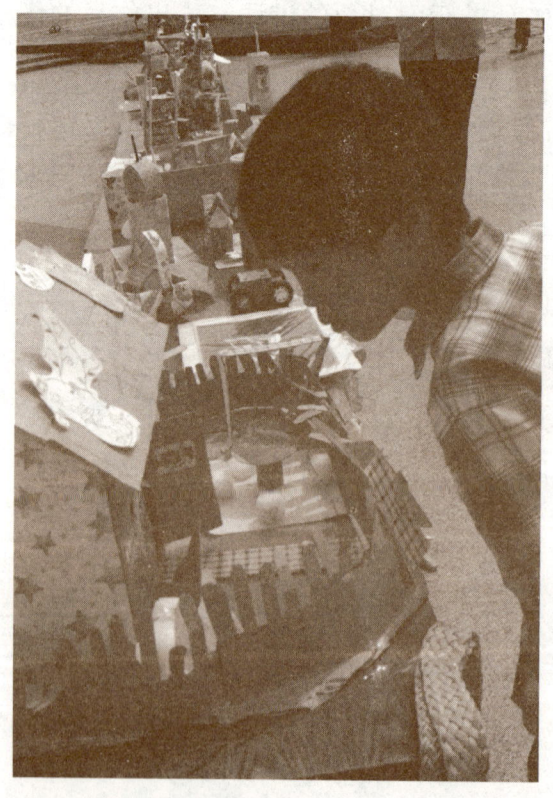

我们有的同学不是想发明一种飞行服,穿在身上就能自由自在地漂浮在空中;想发明一座能悬浮在白云间的华丽的别墅……

发明创造的多彩光环处处闪烁,编织着一幅又一幅璀璨的图画,也许在过几十年几百年,如今的电灯、电视机、汽车、火车、飞机、电脑统统成了博物馆的古董,那时的孩子们会指着这些东西说:"那时的人真笨!"

破除创造发明的神秘感

在人们的心目中,发明创造是最神秘的事情,多人连想都不敢想,更谈不上"高攀"了。举一些我们身边的发明创造的例子,眼镜、漏勺、笔筒、手电、腰带、口红……都是发明创造,说明发明创造无论大小都是伟大的。老师要想方设法增强学生同发明创造打交道的勇气和信心。

鼓励学生从小发明开始

常言说"万事开头难",发明创造开头更难。学生学创造要从小做起,先搞一件小发明,小改革。小发明到底小到什么程度呢?如多用回形大头针,就曾经获得全国第八届青少年创造发明比赛小学组二等奖作品。

发明创造依托"三力"

发明创造要培养三种基本能力,即观察力、想象力、分析能力。

1.观察力

没有观察就看不到问题,没有问题就没有革新的对象。例如,小发明"卫生跳绳袋",这件作品获全国发明创造比赛小学组二等奖。观察不仅仅是看到了什么,而是要从看到中想到什么。

2.想象力

增强想象就在于摆脱习惯思维对自己的束缚。学生要做到敢想、多想、联想、广想、幻想、深想,让创造的思维随心所欲,自由奔放。

例如,就洗脸异想天开,想象一种具有消毒功能的洗脸盆,想象一种能调节水温的洗脸盆,想象一种可悬浮起来的洗脸盆,想象一种可呼之即来、挥之即去的洗脸盆,想象一种能使洗脸水变清洁而重复使用的洗脸盆,想象一种可大可小的洗脸盆,想象一种无形洗脸盆……想象的价值在于超越现实，超脱平凡，如果说创造力是射向未来的利箭，想象力就是箭头。

3.分析能力

例如，有人想发明一种磁性笔，方便仓管员使用。产生了磁性笔这一发明构思后，接下来要引导学生分析，一是分析磁性笔的设计和制造问题；二是分析磁性笔的使用价值。正确的分析才能把发明设想引到科学创造的方向上来。

发明创造抓住"三性"

1.新颖性

指前所未有或与旧不同的事物。比如有个学生想发明一种"带护手罩的炒菜铲子"如果这件作品是前所未有，就具有新颖性。又如摩托车电热防风衣，与一般防风衣有所不同，也具有新颖性。对学生作品的要求是较低层次的，主要是"小改革"。

2.先进性

指的是同类事物相比，在某一方面或某些方面，甚至整个方面进步的事物。例如你设计的多功能手杖不但保持了传统手杖的功能与使用习惯，而且还可以作为机械手使用，还具有照相、紧急呼救等功能，手杖还设有急救药品盒，与传统手杖相比功能齐备整个都领先于现在的各种手杖。

3.实用性

指能被人们理解、接受、有使用意义的事物。例如你设计一种"夜光绳"，人们在日常生活中有需要，现有的条件也能制造出来，这种"夜光绳"就具有实用性。

创造发明立足"三小"

1.小目标

有个学生，他要发明一种能伸出两个指头的棉手套，以便书写。

还有一位学生她要发明一个线团盒,打手衣时把线团装在里面,我免线团掉到地上滚脏。这两个小朋友的发明创造目标是小目标,小目标容易实现。

2.小问题

小问题就是发生在身边微小的人们不易觉察的问题,比如,在屋里擦玻璃时,玻璃的外面擦不到;在厨房拿油瓶,手上总是粘糊糊的;洗澡时,香皂没个合适的地方放……

这些都是小问题,像这样的小问题生活中处处都有,无时不在,人人都可能碰到。只要时刻留心身边的小问题,才会从中发现创造的小目标。

3.小设计

比如,有个老大爷每天都要坐在沙发上看报纸杂志,茶几上又放满了茶具,报纸杂志看完了无处放,老大爷的孙子总想给爷爷解决这个小问题,于是他应用主体附加的方法,在沙发侧面附加了一个兜子,专供爷爷放报纸杂志。这就是发明创造的设计,小设计就是解决小问题的。

发明创造围绕"三具"

学生开展创造发明活动,可以从改革劳动工具、学习文具、生活用具开始实践,因为这些是你们熟悉常做常用的物品。

1.劳动工具

劳动工具很多比如锤子、剪刀、锯子、扳手、铁锹等。在使用这些劳动工具时总有不得心应手之处。比如,在清洗浴室时,由于部位不同,往往需要的工具不同,要是设计一种该直就直该弯就弯的拖把,即"可弯曲的浴室拖把"也是一种发明。

2.学习文具

学习文具大家更熟悉,例如文具盒、铅笔、直尺、三角板、卷笔刀、圆规等学习中使用的各种文具。各种各样的文具都值得大家动脑改进，哪怕只是很小很小的一点小改进。比如，改进一下卷笔刀刀片的角度，改变一下卷笔刀削笔的方法，增加尺子的一项功能等等都属于创造。

3.生活用具

人们日常的生活用具可谓五花八门，桌、椅、碗柜、梳子、小镜、牙刷、指甲剪、勺子、床、钟表、暖水瓶等。

其实生活中的每一件物品都可以再变一变，再改一改。如衣架就可以改成的可升降的衣架，可变形的衣架，防风的衣架，折叠式移动的衣架。又如，用梳子梳理头发后，在梳齿间的头发和污垢不易清除，把梳子弄得很脏，这是不是有可以改进的地方呢？

劳动工具、学习文具和生活用具，这"三具"是我们指导学生进

行发明创造的广阔天地。只要我们指导学生留心观察，用心思考，总有一天会在这"三具"上做出发明创造的。

尝试发明创造方法

1. "加一加"创造法

是在原有基础上加一些物体、时间、次数、重量或者将两个事物组合在一起形成新的事物的制造方法。运用"加一加"进行发明创造，常常可以把物与物加或把事与物加，或把事与事加。

物与物加就是把不同的物组合起来，例如笔筒与钟表、鱼缸与盆景、放大镜与镊子、拖鞋与刷子、跳绳与计数器、门锁与拉手，等等。

事与物加就是把不同的事和不同的物组合起来。例如音乐与皮球、谜语与雪糕、保键与电吹风、保键与梳头、生日音乐贺言卡等。有位小朋友发明了一种"枕头叫醒机"。

"事与事加"就是把不同的事组合起来。例如，气象与医疗，京剧与魔术，就餐与洗衣，教学与旅游等等，事与事加，就是不同的事互相渗透，互相利用，把两种不同的事融合一体，达到一件事包含两件事的目的。

2.减一减

"减一减"就是考虑可不可以在某些事物上减去些什么吗？可以减少环节吗？可以减轻重量吗？可以减少体积吗？

（1）减少环节。什么是减少环节呢？有一个小朋友发明"只拧一颗螺丝的新式锁扣"。

（2）减轻重量。例如，明明发明的"家用管道疏通器"，原来全部用金属材料，后来特大部分零件为尼龙，重量大为减轻，使用起来更加得心应手。

（3）减少体积。什么是减少体积呢？有些发明创造本身就有体积上的限制，不能太长，也不能太小，像圆珠笔的笔杆、衣服上的扭扣、订书钉、菜刀、手表等。例如学生发明尖头鞋刷。

3.变一变

主要有变原理、变结构、变材料等。

（1）变原理。什么是变原理呢？例如，根据螺旋千斤顶"变"的原理，发明设计了液压千斤顶，而学生发明了作品"按扣开关"。

（2）变结构。什么是变结构呢？例如，一般沐浴器只有一个喷头，有个小同学发明的多功能沐浴器把喷头分别换成了海绵、刷子等。

（3）变材料。什么是变材料？例如，我国的象棋曾以铜、象牙这样的材料做棋子，后来以木、瓷、塑科学材料来代替，在原理和结构不变的前提下，用其他材料来替代原来的材料就是换材料。又如，饮料瓶盖里面的垫片，以前是用橡胶制成的，后来用低发泡沫塑料片代替，这样就节省了大量橡胶。

4.反一反

任何事物都同方向有关，方向、方法、用法，一经成为人们的既定思想、常规知识和习惯行为，就很难改变。大家如能对此进行"反一反"，把方向过来，把方法反过来，把用法反过来，说不定某个事物经你这么一反，会有新意、出奇效、生生发明创造。

"司马光破缸救人"是由"人离开水"，颠倒过来，变成"水离开人"。于是，他搬起石头破缸，使水流出来，小朋友得救了。

英国科学法拉弟，"把磁转变成电"颠倒过来，实现了"磁转变成电"，发明了世界上第一台发电机。

指导学生学习运用"反一反"的方法开展小发明，可能着重从三个方面加以引导，一是反方向，二是反方法，三是反用法。

指导过程中应注意的问题

要注意谋求发明创造的巧，而不是高精尖。要注意引导学生进行

一些系列化的设计。如椅子系列、衣架系列、各种各样的卷尺。

要善于发现学生发明创造的闪光点，从学生幼稚的想法、甚至是幻想中去发现学生发明创造的闪光点。要注意解决学生制作过程中的各种困难。如材料、工具、仪表、工艺、制作、解说等困难。有些作品可以反复加以改进，多角度加以改进，选出最佳方案。

要注意把握教师指导的度，主要是方向、方法的引导，要注意引导学生自己去探索，充分考虑学生活动中的各种需要和可能，以及可能出现的困难。适度指导，恰到好处。不要包办代替，甚至以老师的思维代替学生的思维。多看相关报刊、杂志，了解相关信息，扩大视野。

扫除学生发明创造障碍

通过探索、研究，人们发现原来学生在进行小发明、小创造时，会经常受到心理、思维、技能和时势四个障碍的影响，只要扫除这四个障碍，小发明、小创造活动就会开展得如火如荼，否则活动开展起来只能是事倍功半，甚至是徒劳。

那么学生在小发明、小创造之路上这四个障碍是如何产生呢？又如何扫除呢？

扫除心理障碍

所谓心理障碍，就是认为发明创造很神秘，不是自己能做得了的事，是科学家、工程师等专家的事情，或说根本不知发明创造是什么。

该障碍形成的原因主要是人们的一种从众、定势的心理影响，认为只有搞科学的人才有能力进行发明创造，其实发明创造就在你我的身边，发明创造处处皆有、人人皆行，平常生活中谁都会想些办法，这些办法就是发明创造。

根据心理学研究表明：教育要适应受教育者的心理发展水平，实际上也就是教育要适合受教育者的心理，使受教育者能够接受、掌握教师所教的知识、技能等。

因此，一开始不要告诉学生我们来学习如何进行发明创造，而是结合学生较熟悉的事物对学生进行无意识的引导认识：尝试最浅显的改进性发明的认识，这类发明学生容易接受，创作又容易成功。

如教师刚开始不要告诉学生是学发明知识，而是像平时课堂提问一样，问学生："你们每天学习都要用到哪些文具，这些文具用起来有没有不方便的情况呢？"

这时学生会七嘴八舌地发言："我的笔有时写了一会儿，突然没水了？"

"我的文盒具经常往地上掉。"

"我喜欢看书，但经常碰到一些不认识的字，查字典又耽误时间，影响阅读！"

……

随着大家的问题越来越多，教师就要趁机选中一个较容易解决的问题着手，启发学生思考：文具盒放在桌面上，确实容易掉下，那么有没有办法使它不容易掉呢？布置大家回去把自己想到的办法写下来作为作业交给老师。

接下来第二次，教师要选择学生中提出的一些可行性的办法。如制作课桌时，在桌面上安置一块磁铁，文具盒会被吸在桌面，在文具盒的底部加上吸盘。采取这样一些方法，与学生一起探讨，请大家点评是否行得通，或者说大家还有没有其它办法。这样，学生又在不知不觉中对各种办法提出了自己的见解，还会想出其他办法的。

最后老师告诉学生们：你们想到的办法，制成实物或模型就是小发明。

学生一听，顿时欢呼道：原来小发明小创造这么简单，我也能行！

经过多次这样探讨，使学生们知道：凡是别人没有做过、想过的事或别人没有做好的事，自己想了、自己做了，这就是发明，这就是创造。即使别人做过，但自己不知道，自己把问题解决了，对于自己来说也是发明创造。

采取这种方法使学生对小发明、小创造的认识能够达到水到渠成的效果，彻底揭开学生心理认为发明创造只有科学家、工程师才能办得到而自己不是这块料的神秘面纱，彻底扫除学生心理第一障碍。

扫除思维障碍

所谓思维障碍，在明白了何为发明创造后，很多学生对自己提出一个问题、一个新的思想，总怕别人笑话，缺少对旧事物否定的勇气，不敢大胆地破旧立新，或者想到的老是些别人想到过的问题，甚至说我想不出一件思路来。

该障碍形成原因是尽管发明创造活动多种多样，但其创造过程是有规律可循的，而学生就是没有掌握这种活动规律。针对这种思维障碍，应该采取相应的措施。

1.提供信任和支持

老师首先要为学生提供必要的支持和信任，使其明白成功之路积累了或多或少的失败；其次主要原因是学生没有掌握发明创造方法、原理，所以要指导学生掌握各种常用的简单的发明技法。

（1）克服缺点法。明确每种物品都有或多或少的缺点，改正了其不足缺点就是发明。

（2）希望发明法。设计出能满足某种需要的物品，就是发明。

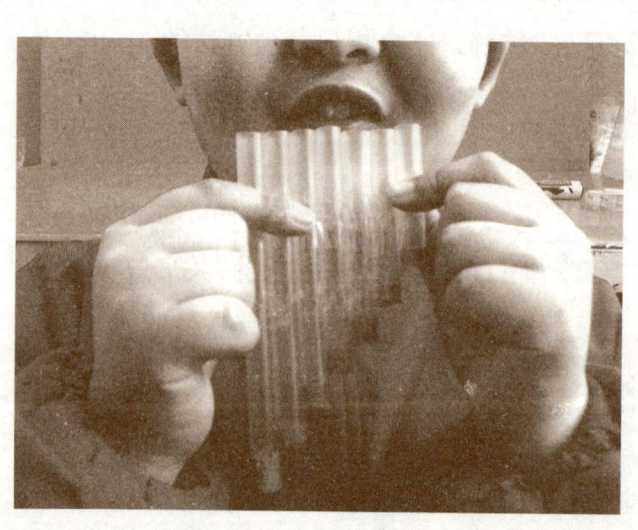

（3）组合发明法。将不同物品组合在一起，增加了功能或减少了材料也是发明……

2.提供信息知识

如果学生信息不足、思维定势，老师就要指导学生多看些青少年科技教育的课外书籍、科技教育电视片等多角度收集信息。如《小学科技》中的"小小发明家"、《小爱迪生》中的"挑战爱迪生"、《少年发明与创造》等栏目内的发明创造作品，中央电视台少儿节目"大风车"栏目中"奇思妙想"、"异想天开"等开阔思路的节目，从中找出别人的发明思路来源，启发和开阔自己的思维。

3.开展实践活动

同时，引导学生广泛地多参加或接触各种活动，多观察周围的事物，从不同人、不同地点、不同时间活动中找出它们的不足和需要，寻找发明课题。

当然，对学生来说，根据他们的知识结构，我们要求的只能是些小发明、小创造，哪怕只是一个想法，只要是有别与其他的，都是值得肯定，关键是让他们的思维得到锻炼、想象能"飞"起来。

经过这样一系列的学习，学生的思维活跃了，不再胆怯了，从原来不敢想，变成了大胆地想了，好点子层出不穷。

扫除技能障碍

所谓技能障碍，是指有了一个好的发明课题，但就是由于主观、客观等条件限制，就是不知怎样动手完成作品，或者是动手了难以达到预期目的，导致经常失败，最后干脆与它说声bye-bye。

该障碍形成的原因是由于学生年龄较小，各方面条件、技能等缺乏或欠佳，如工具缺少、金属焊接技能等动手制作时会出现各种各样的困难，又对成功过于心切。

但动手实践是把构想变为现实必不可少的途径，它是培养学生动手的最好机会，如果这一步没有做好，学生会产生畏难情绪，甚至再也不走"回头路"，逐步放弃自己的进行发明创造念头。

俗语说得好"不怕做不到，就怕想不到"，在学生有了好的发明点子，要变成实物时，老师要根据实际情况，首先要求他们在脑中设计完成，并将他的想法用文字或简单的图画表达出来。

然后，老师再与他一起画图纸、找材料、制作、改进，或者让其告诉家长、同学，请家长或同学一起参与完成，有的由于当时条件不具备，甚至还请他人帮忙完成。

不过，在制作过程中，老师要有目的、有针对性的，系统地指导和训练学生掌握发明的技能。在作品的完成过程中，老师也不能要求太高，以增强学生的信心。

经过多次实践，一步一个脚印，水到渠成，学生的畏难情绪就会不翼而飞，最终完成的作品既有科学性，又具有一定的工艺水平。

扫除时热障碍

所谓时热障碍就是活动刚开始充满激情，但进行了一段时间后就变得冷淡，甚至兴趣全无，对活动不能持续。产生这种障碍的原因是因为少年儿童的好奇心与探究环境的倾向，最初只是潜在的动机力量。这种潜在的因素只有通过实践活动并在实践活动中不断取得成功才能逐渐形成和得到稳固。

经过一段时间的尝试和实践，学生们掌握了进行小发明、小创造的要领，特别是在学生完成作品的每一阶段直至作品完成，都充满着教师鼓励、家长支持、学校表彰等不同的方式激励学生从事小发明、小创造活动，让学生体验到进步和成功的喜悦。

如制作出现经济困难，学校可以帮助解决，作品在省内外展出所有费用学校报销，对学生作品获奖、发表的学校给予嘉奖；同时学校建立活动展览室，不定期开放让学生参观，让学生互相观摩参观自己的活动成果，使他们产生成功感和自豪感，大大地激发学生的创造欲望，增强从事活动的信心，也提高了学生的创新能力。

通过了以上"四扫障碍法"的操作扫除了学生进行小发明、小创造活动途中的四个障碍，使他们不再对发明创造感到高不可触，使得许多学生成功地走上了发明创造之路，从而使得学校小发明、小创造的活动取得了突破性的佳绩，为培养学生的创新精神和实践能力、提高青少年科技素质取到事半功倍的效果。

指导学生发明创造的技巧

学校的发明创造教育活动是指教师运用创造教育理论引导学生学习掌握简单的发明方法和技巧进行发明创造，从而培养学生的创新意识、创新精神、创造思维、创新能力及个性品质，促使学生形成良好的创新素质。

营造发明创造氛围

兴趣是最好的老师。在对学生进行发明创造教育时，营造一个"人人是创造之人、天天是创造之时、处处是创造之地"的氛围是非常有必要的。

学校在"科创"教育活动中，通过组织开展"小发明信箱"、"创新方案设计大赛"、"奇思妙想"、"金点子创意"、"亮眼睛行动"、"红领巾发明俱乐部"、"讲科学家发明家的故事"等活动来激发小学生的发明创造兴趣，营造人人争做"小问号"、"小发现"、"小能手"的创新氛围，引导小学生在丰富多彩的实践活动中发现问题、研究问题、解决问题。

在探究的过程中获得实实在在的收获，让他们体验到"处处是创造之地，时时是创造之机，以幻想为快乐，以创造为光荣"的发明乐趣，为学生创新意识和能力发展提供一个校园大氛围。

同时，利用课堂对小学生进行教育，教学效果的好与坏关键也在于在课堂学习中创造性氛围，如果教师能够很好地引导学生积极思考，敢于表达自己的见解，会使其创造潜能得到最大限度的发挥。所以教师在教学中应注意激发兴趣，鼓励学生探索求异，为学生营造一个充满创造性的课堂氛围。

让学生充分理解创造力与知识的关系

教师在引导学生进行创造发明之前，必须让学生明白：没有深厚的文化基础知识就不可能有所成就，也不可能成长为高素质的创新人才。

要从两个方面引导学生：一方面要求每个学生必须掌握和理解一些发明创造的基本方法和技能，如缺点列举法、组合发明法、联想发明法、实例发明法、移植发明法，等等；另一方面要求学生学会思考，要密切联系生活，并运用所学发明创造的知识巧妙解决自己生活中遇到的难题。

对于那些爱好发明创造而不太注重文化知识学习的学生，教师可以以一些案例故事教育他们，例如发明家张开逊教授走向成功之路的经历。也就是说，发明必须以扎实的文化知识做基础，现代杰出创新人才必须是知识渊博者。

调动学生学习积极性

由于受年龄和知识掌握情况决定，小学生尝试进行发明创造时最困难的是找到好的选题。教师在课堂引导时不能采用传统的教学方法，只凭一张嘴、一只粉笔、一块黑板来讲授，这样学生会感到枯燥乏味；教师应利用自己熟悉的优秀发明作品，引出问题，创设情境，活跃课堂气氛，吸引学生积极参与。

如在讲授"联想发明法"时，特地设计了"用联想发明技法进行发明选题"的活动课，先展示一些学生的优秀小发明作品，用幻灯片在屏幕上投影出这些作品选题产出的大致过程，让学生根据自己的生活经历，联想出一个或几个发明课题，再将部分学生联想获得的选题用幻灯片展示在屏幕上，让学生思考，进行第二次联想活动。

五彩校园文化艺术活动丛书

经过几次反复，每位学生的课题都得到了展示，便让学生根据自己的体会，总结出"联想发明法"的要领。这样，人人享受到了成功的喜悦，课堂主体作用得到了充分发挥，学习发明创造理论的热情更加高涨，也为小学生进行发明创造活动时探求选题指明了方向。

注重思维训练

开展小学生发明创造活动，对于训练学生的创造性思维能力有非常大的作用。在活动中，教师要特别注重对学生进行系统的思维训练，如进行发散、想象、联想、类比、组合等思维的训练，以促使学生创造性思维的发展。

通过训练，重点帮助学生掌握创造性思维的两种方法，即充分发挥想象力，突破原有知识圈而产生新设想的扩散思维方法和通过分析、比较、推理等手段，寻找最佳答案的集中思维方法。

鼓励他们打破常规，多方联想，以启发式调动其"灵感"，激活他们的创造思维，直至达到"入迷"的境界，渐渐形成自己的创新思维方式，并获得好的思维成果。

如有同学发明的"紫外线杀毒马桶盖"、"多功能的饮料瓶"等，就是他们通过观察生活中的自然现象受到启发，通过联想思维方法获得的创新成果；还有同学发明的"隐形可伸缩乒乓球网"、"桂花采集装置"等，就是他们运用逆向思维技巧获的好成果；而有的同学发明的"安全雨衣"、"姊妹小鼓棒"等，则是他们利用组合思维方式获得的优秀成果。

消除学生畏难情绪

小学生由于受各种条件和能力的限制，发明创造对于他们来说，比中学生要困难得多。要采用多种形式帮助学生消除"发明创造高不可攀"的畏难情绪，树立"别人能做到我也能做到"的坚定信念，启发他们注意观察身边事物，从学习、劳动和生活中寻找课题，然后鼓励他们大胆创新和发明。

学生在课题实施中遇到困难，难免会产生波动情绪，这就需要我们辅导教师加以理解，抓住时机进行适当的引导与学生共渡难关，应及时激励他们："这个难题你一定能够解决好，多想想便可突破！"

学生听了之后自信心猛增，很快便进入了独立解决难题的兴奋状态，并通过不断努力，最终找到解决难题的好方法。从而有效地培养学生的创新毅力，为学生完成自己的发明作品做好坚实的后盾。

小学生发明创造活动是一种实践性很强的活动，教师要从学生生活实际考虑，合理安排其实践的广度和深度，否则就会走入发明创造的死胡同。

要从培养学生创新能力的需要着手，联系生活组织学生进行了一系列的发明创造实践活动；如运用调查法、参观法、情报分析法、专利检索法等寻找发明课题的实践；运用组合法、移植法、智力激励法、逆向构思法等进行解题的实践；运用废物利用、教具改革、学具创新等进行动脑动手相结合的实践；应用实例发明法改进原来发明作品的不足的实践，等等，使小学生的发明创造能力真正获得提高。

总之，作为一名小学生发明创造活动的辅导教师，只有自己在教育教学工作中不断创新，努力探索辅导学生进行发明创造的方法和途径，才能提高学生的发明创造能力，才能使学校的科技教育上升到一个较高层次，真正使学生的创新素质得到培养。

此外，培养小学生的科技发明创造能力不只是学校和老师的任务，要靠社会和家长的大力支持。这样，才能为孩子们创造一个更好的发明创造环境。相信通过我们对小学生从小进行发明创造教育，将来他们一定会肩负起历史的重任，成为一名合格的建设人才。

科学实验与制作的意义

小实验与小制作活动是具有较强的实践性和创造性的科技教育活动，它是学校课堂教学的一个重要补充，在培养学生科学素质方面可以起到课堂教学难以起到的作用。

帮助学生加深理解自然科学知识

无论是在课堂教学还是在课外活动的教学过程中，教师都要引导学生形成一些科学概念，学制基本的科学原理。概念的形成、原理的理解，往往要从揭示事物的属性入手。不少事物的属性，只有借助实验和制作才能显露出来，才能被认识。

例如，水是无色、无嗅、无味、透明的液体。这些属性单凭教师的讲述，学生很难理解，如果做一组实验，把水同牛奶、豆浆、洒精等液体作对比研究，学生就很容易认识和掌握水的这些属性。

再如，揭示空气是不是一种单纯的气体。让学生做一个实验：把一根小蜡烛点燃，固定在盛有一层水的水槽里，然后将玻璃杯倒扣在蜡烛上，蜡烛点燃了一会儿后就熄灭了，烧杯里的水面上升了一截。这个小实验就说明了空气中至少有两类气体，一类是能够帮助燃烧的，另一类是不能帮助燃烧的。这样学生就很容易认识空气不是一种单纯的气体。

培养学生的科学志趣

志趣是推动人们成才的起点，也是推动学生进行学习活动的内在动力。一个学生对某一学科有了浓厚的志趣，他们就会产生强烈的求知欲望，就会如饥似渴地学习和钻研。历史上许多有卓越成就的科学家，志趣是成才的动力之一就是对科学的志趣。

心理学家认为，志趣是一个人力求接触和认识某种事物的意识倾向。志趣不是天赋的，而是在后天的生活环境和教育的影响下产生和发展起来。小实验和小制作是培养学生科学志趣的极好活动。

首先，小实验和小制作能够帮助学生更好地认识自然事物和现象。自然界许多奇妙的现象，许多奥秘都可以通过小实验和小制作来揭示。学生经常进行小实验和小制作活动，不断揭示自然界的奥秘，对自然科学的志趣就可以逐步形成。

其次，小实验和小制作都是趣味性较强的活动，符合小学生喜欢动手，喜欢接触新奇有趣的事物的特征，达到以趣激趣的目的。再次，小实验和小制作大都是实用性较强的活动，它和工农业生产、科学研究、日常生活实际具有密切的联系。

学生通过这些活动，可以把现实与理性联系起来，这无疑对培养学生的志趣是具有积极作用的。

培养学生的动作技能

技能是指完成一定任务的活动方式。实验和制作技能属于动作技能，其动作主要是由人手的活动来完成的。动作技能有初级和高级两个阶段，前者是初步学会阶段，后者是技能形成阶段。

对学生来说，不论是初级阶段还是高级阶段，都必须由学生亲自动手进行操作练习才能形成。这是其他任何教学形式所不能取代的。

小实验和小制作所涉及的实验仪器和制作工具较多，这些仪器和工具对刚刚接触自然科学的小学生来说是很陌生的。在实验和制作过程中，学生通过观察思考和动作操作，将会逐步熟悉仪器和工具的性能和使用方法，初步掌握某些技能。

五彩校园文化艺术活动丛书

在实验和制作过程中,学生要手脑并用,要在操作的基本功上,技术上由学会过渡到灵活、准确、协调,甚至接近自动化的程度;更要明了该怎样,不该怎样,为什么要这样而不要那样的道理,由操作练习的机械性转变为理解性。这样,实验和制的技能就能逐步形成。

发展学生的创造精神和创造思维

在小实验、小制作活动的初级阶段,学生的操作往往以模仿为主。比如,重复教师做过的实验,复制简单的器具。但是,不要小看这些活动,它们是学生能够独立操作的先期准备,其中包含了技能、经验、思维等方面的因素。

随着活动的深入展开,小实验、小制作必然要求学生的主体的积极投入,小实验必然逐步从一般操作练习过渡到验证性实验,过渡到探索性实验,小制作也逐步由易而难,工艺逐步变得复杂,而且这种劳动逐步着上了有创造意味的色彩。在这个过程中,学生的创造精神得到了陶冶,创造性思维也必然获得很好的锻炼。

锻炼优良的心理品质

小实验和小制作并不是很容易完成的活动,它需要实验和制作者克服许多困难。因此,小实验和小制作能培养学生克服困难、坚忍不拔、百折不挠的毅力;在小实验和小制作过程中,学生都努力争取自己的实验做成功,努力使自己制作的作品美观、好用、受到教师的表扬和奖励,这能激发学生的好胜心和进取精神;小实验和小制作需要学生认真、细致、实事求是、团结协作,这对学生形成良好的学风,促进非智力因素向积极的方面发展具有重要作用。

科学实验的原则与意义

小实验小制作活动的指导要依据一定的原则,针对活动过程的各个环节进行。

从乡镇实际情况出发

我国是一个农业大国,整个国民经济稳定和发展的基础是农业。乡镇小学科技活动中操作性强的小实验小制作活动,除了要着眼于学生科学素质的培养以外,还应该研究当地的种植、养殖等状况,从乡镇实际出发,树立以农为主的思想,围绕科技兴农这一中心,开展丰富多采的小实验、小制作活动。

加强活动室和实验基地建设

小实验小制作活动的顺利开展需要一定的条件,其中尤其要重视利用学校的条件和社会力量从校内和校外两个方面加强活动阵地的建设。校内活动阵地主要是活动室,活动室一般可与自然教室共用,没有自然教室的学校,可利用一些辅助用房,也可借用某些班级的教室,另外还可以利用校园的空地建立植物实验园、动物饲养场等。校外活动阵地除了青少年科技活动中心等场所外,还应该充分利用博物馆、公园、自然保护区、工人、农场等社会力量。

克服困难,因陋就简

我国幅员辽阔,经济文化发展很不平衡。尽管有些乡镇的生活水平已步入小康,但仍有一些地区还没有很好地解决温饱问题,当地的办学条件也很艰苦，在这些学校开展小实验小制作活动，存在着缺少器材的实际困难。而活动器材又是科技活动的物质基础，传播科技知识的媒介。因此，科技辅导员要发动学生一起克服困难，因陋就简，自制简易教具或利用代用品，解决器材问题。

着眼于活动的全程

为了充分发挥小实验小制作的功能，还必须从活动的全程出发，针对学生的心理特点和年龄特征，并以全面发展学生的科技素质为目的，制定整体活动、阶段活动及每次活动的方案或计划。

学生科学发明活动的意义

中小学生参加发明活动，是培养他们的发明创造意识。创造精神和创造能力的较好途径。

发明活动是一项群众性活动，所有小学生都可以参加。在活动中，小学生能够明确什么是发明创造，深刻认识发明创造的意义，从而树立发明创造的意识。

发明活动是开放型活动，它不受教学大纲和教材的束缚，也不受时间、场地、设备等的限制，并且每一次活动都没有固定的答案，中小学生可以在这个广阔天地里纵横驰骋，这样有利于培养他们的创造精神。

发明活动是一项创造性活动。在发明活动过程中，需要中小学生具有多种能力，特别是创造和想象的能力。因此，通过发明活动，可以培养学生的创造能力。

发明活动还可以培养学生热爱科学技术的兴趣，克服困难、战胜困难的坚强意志，树立建设社会主义祖国的信念，养成小学生良好的科学态度，并能使学生受到审美教育、劳动教育以及团结协作、遵守纪律等方面的教育。

学生科学发明活动的指导

启发

启发就是通过讲清发明活动的意义，激发学生发明创造的兴趣，使他们乐意参加发明活动，自觉接受创造思维和发明技法的启蒙教育，增强创造精神和创造意识。根据学生的心理特点，在组织每次发明活动时，教师都要注意启发，除了使他们明确每次活动的目的和意义之外，还要适时布置一些具体任务，尽量使一些个人活动转化为集体活动。对他们在活动中所取得的成绩，及时进行总结和表扬，使他们还不稳定的发明兴趣和爱好逐步稳定。

示范

示范就是运用发明成果作为学生学习的典范，使他们从中得到教益。榜样的力量是无穷的。学生的好胜心较强，而且善于模仿，因此，在活动中运用一些发明成果和讲一些发明家的故事作为他们学习的典范，会对他们有很大的帮助。

发明成果最好是学生自己发明的，故事最好也是学生的发明故事。因为同是学生，年龄相仿，知识水平相当，他们容易接受，对他们的启发帮助也最大。如果用本校、本班的学生的发明成果作示范，效果更佳。

在示范过程中，教师所选用的典范最好能对本次活动有一定的指导价值。比如，这次活动主要是让学生学习"缺点列举法"，那么，作典范的发明成果最好是用"缺点列举法"所完成的。对每一件作示范的发明成果，教师都要讲清发明人是怎样想到搞这个发明的，运用了哪些发明技法，他在发明过程中遇到了哪些困难，他是如何克服这些困难的，等等。

选题引导

学生通过启发和示范，会产生发明的兴趣和动机，这时，教师就要引导他们寻找发明的课题。

在学生中开展的发明主要是指：学生在日常学习、生活和劳动中针对那些感到不称心、不顺手及不方便的事物和方法，运用学过的科学技术知识，创造性地设计和制作出目前没有的产品或生产方法，或对现有的产品和生产方法进行房进与革新，从而为人们的生活、工作、学习带来方便。

因此，他们发明的课题种类不多，范围也较狭窄。但是，学生的想象力比较丰富，他们发现的问题，提出的发明课题却是五彩缤纷。

构思引导

选准了发明课题之后，要引导学生对发明课题进行构思。构思不是一下子就能形成的，一般要经过几个步骤。第一步列出明确的发明目标，包括这个目标的具体要求。第二步剖析目标。对已确定的目标进行分解，分解成一些小目标，然后逐个解决为实现各小目标所必须解决的每一个小问题。第三步形成构思。为实现每个小目标和解决每一个小问题寻找可行的途径和办法。把可行的途径和办法进行组合，构思、制定出这项发明的总体实施计划。第四步对总体构思进行补充的修正。

在小学生构思的过程中，教师要注意以下几个问题。

（1）是注意传授发明技法。

（2）是注意讲解有关的科学知识。

（3）是善于启发思考。

（4）是及时出主意战胜困难。

设计引导

设计就是按照总体构思，制定这个课题的整体图形和各部分的图形。由于中小学生没有学过机械制图，不要求他们绘制规范的机械图，但是可以要求他们画出示意性的草图，包括整体的形状、大小、外观和色彩等，使这项发明有一个比较完整的雏形。为了使总体设计更加完善、合理，还可以利用纸片、木材、铁丝、泡沫塑料和胶水等材料做出一个模型，再对模型进行改进，并进一步考虑先做什么，后做什么，如何按各部分尺寸、形状进行装配，使发明的总体设计更加完善。

制作引导

按照总体设计制作出样品。样品不是模型，而是一件能够实验使用的实物。样品的各部分功能应符合总体设计。学生在制作样品时，教师要在技术、材料等方面给予支持。对于制作比较困难的样品，教师或家长还要协助，使他们能顺利地将样品制作出来。但是，千万不能包办代替。

评估引导

如何指导学生对发明进行评估呢？

首先，看这项发明是不是前所未有的。其次，把这项发明与其他性能类似、用途相同的东西相比较，看是不是在原有的基础上增加了功能、改进了方法和工艺。再次，看这项发明能不能解决生产、工作和生活当中的实际问题，产生良好的社会效益。最后，看这项表明的性能、原理构造和方法等是否符合公认的科学道理，有没有违反科学的错误，对环境是否会增加污染，对人的身心健康有没有影响等。

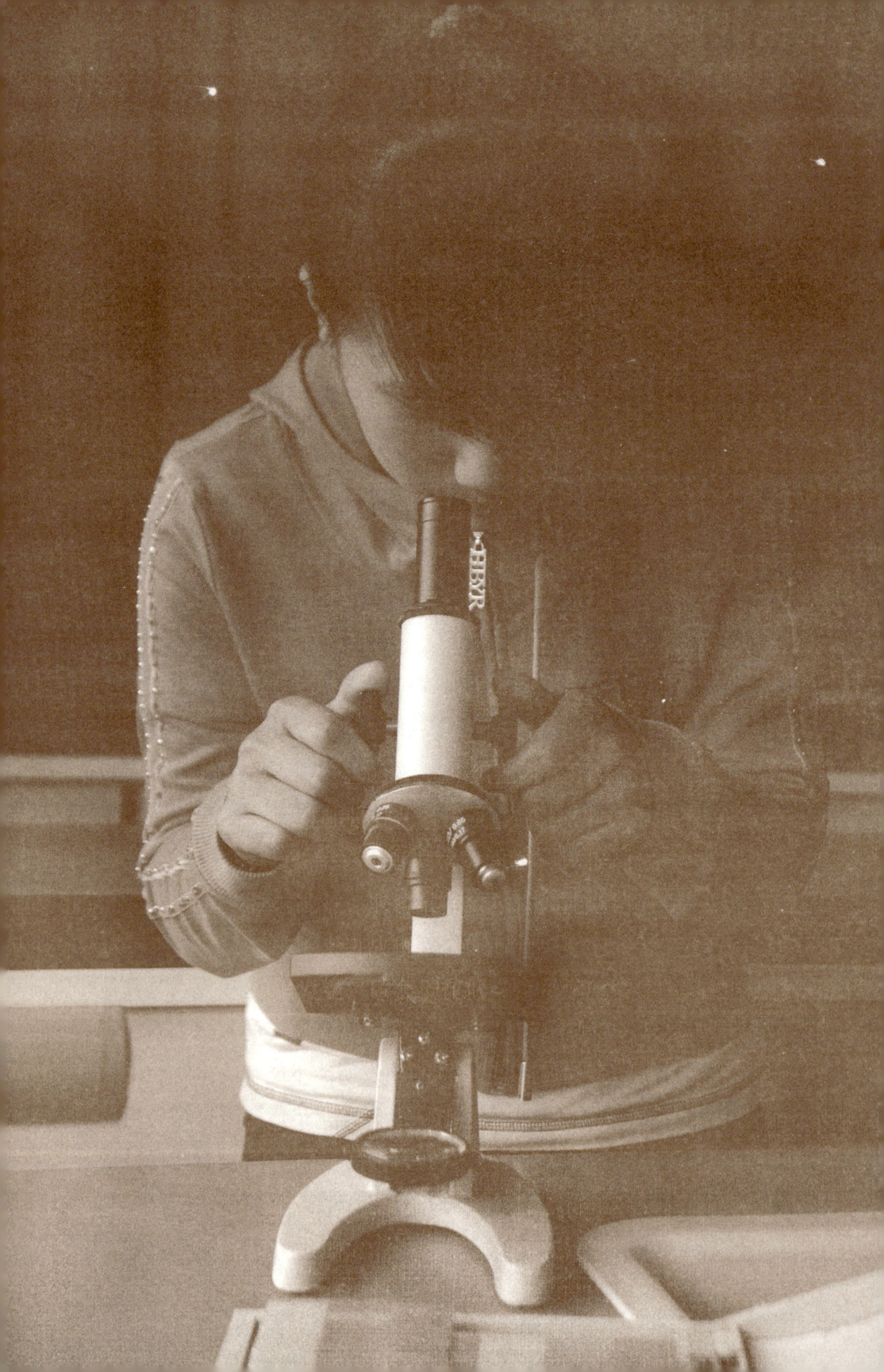

NO3.学生模型制作指导

模型制作内容与组织

模型制作的主要内容

1. 航空模型活动

航空模型活动的内容主要有：了解有关的航空知识和航模的基本知识；制作风筝、热气球等简易飞行器；制作简易纸术结构的弹射机、滑翔机；橡筋动力飞机模型制作；初级牵引滑翔机的制作；飞机模型的调试；航空模型竞赛活动的组织；简易航空模型的设计等。

2. 航海模型活动

航海模型活动的内容主要有：了解有关的航海知识和舰船模型的基本知识；观赏舰船模型制作；橡筋动力舰船模型制作；简易自航帆船制作；电动动力舰船模型制作；舰船模回型的试航和调试；舰船模型的竞赛等。

3. 车辆模型活动

车辆模型活动的内容主要有：纸盒车辆模型、内力车辆模型制作；橡皮筋动力车辆模型制作；电动动力车辆模型制作；车辆模型竞赛活动。

模型制作活动的组织

组织实施模型活动，可以是多种形式，灵活运用，以满足不同条件，不同层次的学生的需要，吸引绝大多数学生来参加这项活动。

1. 建立兴趣小组

建立模型兴趣小组或小制作兴趣小组，是模型活动和小制作活动较为常见的活动形式。不管有没有开设劳技课的学校，都可以组织兴趣小组。

兴趣小组可以是班级组织，也可以是学校组织的，一般是学生自愿报名参加，人数以20人左右为宜，定期开展活动。

在兴趣小组中，其活动内容要从易到难，循序渐进，在已开设劳技课的学校，活动内容可以比劳技课的内容深一点，同时还可以在兴趣小组中培养和发展骨干分子，指导他们去辅导其他学生开展活动。

2.列入科技活动课

活动课在大多数城市小学中已逐步开设。将模型活动和小制作列入

小学的活动课中、在时间上得到保证，使全体学生都能参加这项活动。

由于这种活动形式是面向全体学生，所以选择的活动内容不能太难，要照顾大多数。在活动课上，配合制作，讲解有关知识，使学生能更好地掌握制作要领。同时，要有充裕的时间让学生自己动手制作。

3.组织各种形式活动

模型活动能开展各种竞赛、比赛活动，在学校内或年级之间开展各种模型、各个层次的竞赛及比赛活动，能促进学校模型活动的开展，提高学生的制作兴趣。

如果本地的模型竞赛活动开展得比较正常，那么可以根据学校开展模型活动的基础，在校内竞赛的基础上，建立航模队。这种形式主要是对有一定基础的学生，为他们提供正规的机练条件和环境，代表学校参加模型竞赛活动。

航模队的活动内容要符合竞赛所规定的小学组项目，要根据比赛规则和要求进行制作和训练，以适应比赛的需要。除了比赛以外，还

可以经常性地举办学生模型和小制作作品展览，使他们看到自己制作的成果，提高制作信心。

模型制作应注意问题

科技活动的根本任务是提高和培养青少年的科学素质。开展模型活动，要培养学生勇于创新、勤于思考、大胆实践的精神，逐步形成一丝不苟的科学态度。

1.学会正确运用

要引导学生将课堂上所学的知识，运用到模型活动和小制作活动中去。学生从课堂上，从课外的各种传播媒介，能得到大量的知识和信息。

在这些知识中，有不少可以运用到制作活动中去，如自然课中的浮力知识、电的知识、摩擦的知识等，在模型和小制作活动中都能得到应用。

辅导员在辅导过程中，要有意识地指导学生，运用已学过的知识，去解答制作进程中出现的各种问题。

2.鼓励学生勇于创新

在辅导制作完一件模型或小制作品后，辅导员可以鼓励启发学生，如何提高该作品的性能，有什么地方可以改进，如何在竞赛活动中取得好成绩等，使学生养成勤于思考，不断创新的好习惯。

3.要做到持之以恒

模型和小制作活动，有易有难，制作较难的作品时，比较单调乏味，有时还可能失败。辅导员就要根据学生好奇、好动、求知欲强的特点，引导学生不能凭一时的兴趣，尤其是在制作失败后，更要鼓励学生去寻找失败的原因，帮助他们树立信心，锻炼他们的毅力。

模型制作活动的开展

学生模型制作活动要根据学生的年龄特征，知识水平，因地制宜、因校制宜来设计。同时，模型活动中的航空、航海、车辆和小制作活动思路有其共同点，也有不同之处。学生模型制作活动的开展有许多形式。

参观访问

参观访问是学生在老师的带领下，到附近的航空博物馆、机场、码头、汽车制造厂等地进行参观，使学生了解飞机、轮船、车辆的种类和主要性能及用途，以加强对有关知识的掌握。

参观访问一般可以放在制作活动之前，使学生对飞机、轮船、车辆有较多的感性认识，提高学生的兴趣。也可以把这项活动安排在学生刚做过一些简易的模型后，这时，小学生对模型已有了一定的兴趣，参观访问时更具有目的性。

参观访问的形式、内容可以多种多样，参观制造工艺可以了解飞机、轮船、车辆的制造过程，使学生明白造一架飞机、一艘轮船、一辆汽车，需要成千上万个人经过艰苦的劳动和合作，才能制造出来。

直接参观飞机、轮船、车辆，可以使学生了解各种交通工具的种类、用途和性能。

访问工程技术人员，请他们谈谈飞机、轮船、车辆的发展状况，以及它们在国民经济中所发挥的作用。

访问优秀的飞行员、驾驶员,请他们谈谈如何驾驶这些现代化交通工具以及德要掌握哪些知识等。

参观访问活动,要事先进行联系,告诉接待单位参观的目的要求,以便接待单位能有针对性地进行准备。如有的学生家长就在这些单位工作,可以请学生家长帮忙,更合理地安排参观事宜。

通过参观访问,介绍有关知识,可以激励学生学好科学文化知识,长大后能制造出更多更好的飞机、轮船和车辆,驾驶这些现代化交通工具,为祖国富强贡献自己的力量。

参观访问可以放在低中年级中进行。参观访问前,要向学生明确提出参观访问的要求和任务,使学生做到目的性明确。参观时要绝对注意安全,提醒学生不能乱摸乱动,听从指挥。同时要注意观察。

观看展览

利用电教手段,如电影、录像、幻灯,向学生介绍有关航空、航海、车辆等知识,具有形象、生动的特点。随着办学条件的逐步改善,城市小学一般都已配备了录像机、电视机和幻灯机这些电教设备。

学校可以向教仪站、电教站或社会录像带出租点租借有关航空、航海、车辆等方面的科普录像片,向学生进行播放。也可以组织学生观看科教电影。

动用电教设备,可以向学生介绍航空、航海、车辆的发展史,我国在世界航空、航海、车辆史的辉煌成就;各种飞机、轮船、车辆的设计、制造、种类和用途;用高科技武装起来的飞机、轮船、汽车在现代经济、生活和战争中的应用等。

图片展览就是利用有关航空、航海、车辆等图片资料,向学生介绍有关知识的一种形式。它简单易做,比较形象。

图片资料的来源比较广,可以利用图书馆中的有关资料,绘制成简单的图片,也可以利用各种报刊杂志、画报。挂历、明信片等。

展览时，可以发动学生收集各种图片，将收集到的图片整理归类，进行展览。这样，既锻炼了学生的能力，学到了知识，又能提高学生的参与意识。

图片展览的内容相当广泛，如航空、航海、车辆发展简史；我国古代在航空、航海、车辆领域的发明，如风筝、罗盘、指南车等；中外科学家的图像和简介；航天事业的发展，等等。也可以启发学生，发挥学生的想象力，举办《未来的交通工具》想象绘画展览，促进学生的智力发展。

利用电影、录像等电教手段向学生介绍有关知识，可以根据播放的内容，分别安排在低中高各个年级中进行。图片展览，可以放在低中年级，举办想象绘画展览，宜放在高年级。部分组织工作，可以让高年级学生参与。

举办故事会

讲故事、听故事是小学生所喜爱的活动形式之一。举办故事会，讲讲航空、航海、车辆方面的人和事，能加深他们对有关知识的了解。

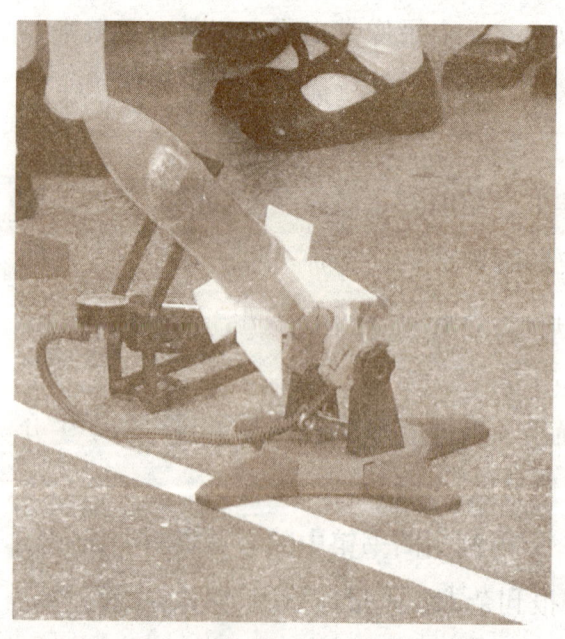

1.故事的主要内容

（1）航空方面：韩信发明风筝的故事；莱特兄弟发明飞机的故事；中国人民志愿军空军英雄打败美国王牌飞行员的故事；"长征"火箭发射人造卫星的故事，等等。

（2）航海方面：我国祖先"刳木为舟"的故事；郑和七下西洋的故事；哥伦

布发现新大陆的故事；甲午海战的故事；远洋科学考察，建立长城站的故事，等等。

（3）车辆方面：我国古代指南车和记里鼓车的故事；蒸汽机车的发明；我国第一辆汽车诞生的故事，等等。

2.举办故事会的方法

（1）在组织举办故事会前，要确定故事会的主题。主题要明确、新颖、有感染力。其内容可以是侧重于思想教育，对学生进行爱国主义教育。如我国航空史上的伟大成就、我国古代的航海家、我国的航天事业，等等。可以侧重于创造发明。如我国在航空、航海、车辆领域的创造发明。也可以侧重于某个人或某件事，如韩信的故事、郑和的故事、甲午海战、南极长城站，等等。

（2）要帮助指导学生寻找故事题材。可以通过阅读科普读物和观看科普影视片，在阅读和观看过程中，要指导学生抓住主题，把握住主要的人和事。

在具体的准备过程中，可以事先进行分工，如按小组把内容分配下去，以小组为单位进行准备，然后由各小组推荐几名代表上台讲故事。

在故事会中，可以考虑安排一些有关的知识竞赛问答，以提高学生的兴趣，也能促进学生积极进行准备，取得最佳效果，如能邀请有关的工程技术人员、飞行员、驾驶员来讲故事，将能起到更好的效果。以上的活动思路，是以介绍知识为主，适合于在低中年级学生中组织。

模型制作的具体步骤

制作活动是模型活动和小制作最主要的活动形式。通过制作，能进一步巩固对飞机、轮船、汽车的了解。掌握制作方法，提高动手能力。

活动的内容

活动内容的选择要根据学生的年龄特征和知识水平，根据制作工艺的难易、结构的简单复杂进行选择。活动内容可以根据项目系统进行选择。

如航空、航海、车辆或小制作；可以根据材料进行选择，如纸质模型和小制作，木质模型和小制作；可以根据动力要求进行选择，如橡皮筋动力模型和小制作，电动动力模型和小制作，等等。

小制作活动还可以根据制作原理进行选择，如光学小制作、力学小制作、声学小制作等。另外，还可以进行工具小制作、玩具小制作、教具小制作等。

内容选择上要从易到难，循序渐进，注意每次活动都能比以前有所提高，并且在设计上要注意趣味性，以提高学生的制作兴趣。同时，内容选择还必须考虑活动经费和器材、设备的要求。

活动的形式

在制作活动中，活动形式要多种多样，要根据所开展的制作活动是普遍性的，还是提高性的，是几个学生合作一件，还是每个学生作一件的情况选择活动形式。

对于普及性制作活动,可以安排劳技课和组织兴趣小组。制作内容难度不能太大,每个学生都制作一件,也可以几个学生合作一件。

兴趣小组可以每班组织一个,也可以按年级组织,分成初级组、中级组、高级组,提高性制作活动,是在普及的基础上进行的,可以组织多种形式的展览、评比、表演和比赛活动。在寒暑假举办冬令营、夏令营,把积极分子和骨干分子组织起来,集中活动,提高水平。

材料和工具

当活动形式和内容都确定后,就可以考虑制作活动所需要的材料和工具,为制作活动作前期准备。一般模型活动和小制作,需要准备图纸、材料、粘合剂和工具。

图纸是制作活动必不可少的资料。它是制作作品的依据。通过图纸,可以了解制作模型的种类、名称、外形尺寸和比例、内部结构以及各个部件的制作方法和组装要求等。

只有在看懂图纸的前提下,才能实施制作计划,配备材料。在中高年级学生中,可以适当讲解一些识图知识,如三视图原理,图纸上的基本线条和符号,等等。

材料要根据图纸和各个部件的制作要求进行配备。制作航模和小制作的材料十分广泛,有纸、吹塑纸、木材、竹材、有机玻璃、金属材料和其他材料。不同材料的加工方法不同。

纸质材料常见的有卡纸、白板纸、铅画纸;蜡光纸等。可用剪子和刀片进行剪刻加工,制作比较方便。吹塑纸也经常用来制作模型,它的加工要用锋利的刀片,粘接时用白胶。

木质材料是制作模型和小制作的主要材料,常用的有松木、桐木、三合板、五合板等。木料的选择,要注意选择无裂缝、质较软、节疤较少已经干燥的木料,取材时还要注意木材的纹路。木料的加工用刀子、弓据、木砂纸和挫刀等进行。

金属材料常用的有白铁皮、钢片、钢丝、漆包线、大头针等，金属材料可用剪刀、钢挫、手摇钻、焊接等方法进行加工。

由于制作模型和小制作的有些材料比较贵或者一时买不到，这时就要考虑采用代用品，用废旧物品和边角料进行制作，在这方面有很大的潜力可挖。它可以降低制作成本。

如船模中的螺旋浆轴，可以用自行车辐条代替，轴套可以用废圆珠笔芯代替，舱面建筑上的探照灯，可用旧灯珠代替，或用废发光二极管或牙刷柄的一端代替，等等。

工具的配备要根据制作要求，一般配备尺子、刀子、挫刀、锯子、剪刀、钻、榔头等就可以开展活动了。有些工具可以自己制作。如：小榔头用旧水龙头横柄一只和木棍一根就可以制成，刻刀可以用废钢锯条用砂轮磨制而成，等等。当然，也可以发动学生带些家里已有的工具，如螺丝刀、钳子等。

有些大件工具，如木工工具、台钳、电烙铁等，除学校购置一些外，还可以依靠社会力量，如争取附近工矿企业的大力支援等。

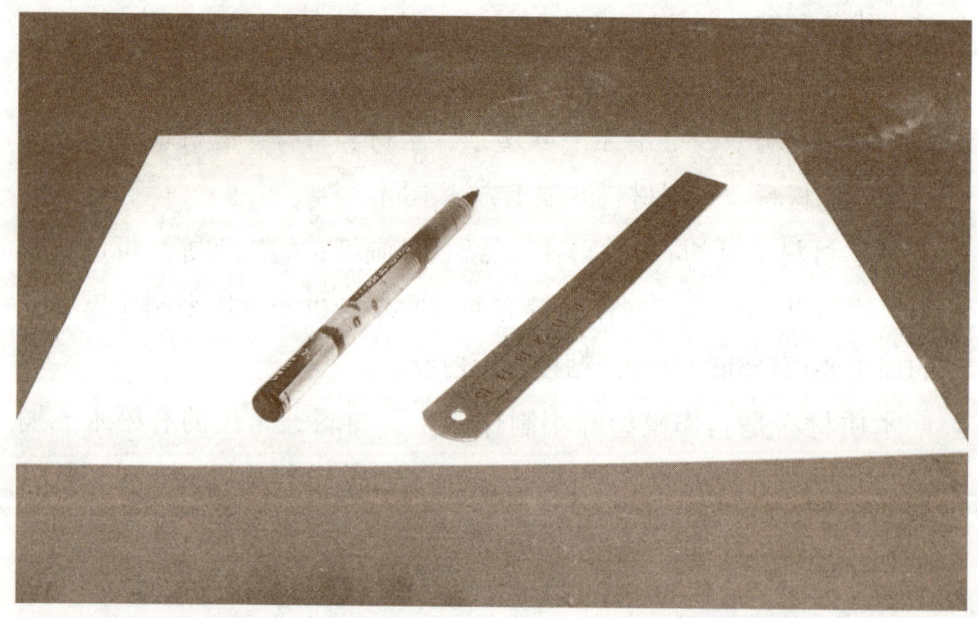

在材料和工具的配置上,由于受经费等条件限制,可以利用社会和家庭的力量,争取得到他们的支持,依靠社会力量,增添工具设备。

在独生子女较多,家长比较重视智力投资的情况下,开展制作活动时,可以利用这个有利条件,制作材料由学生家长负担,制成的作品归学生所有。这样既解决了经费问题,又能使学生家长参与支持学生参加模型和小制作活动。

讲解和示范

讲解和示范是制作活动重要的一环。在学生动手制作前,辅导员必须详细地讲解制作的名称类型,制作的材料和工具,制作的方法和步骤,各个部件如何加工,如何进行整体组装粘合以及注意事项等。尤其要注意对图纸的说明和解释,使学生在头脑中对该模型有个初步的印象。

在讲解中,最好能对照图纸和实物,对于低中年级学生,可以边进行讲解,边示范制作;对于高年级学生,可以制作一件完整的作品或半成品作为示范。

独立地制作

讲解完后,由学生自己进行制作。低年级学生可以跟着辅导员做,而中高年级学生可以由学生独立进行制作。辅导员要随时注意学生的制作情况,边巡视边作辅导,要指导学生各个零部件的加工方法和工具的使用方法。尤其是对比较难制作的部件,要加强进行辅导。

由于制作时,有些材料很容易损坏,所以在辅导时要注意学生材料的使用情况,帮助他们提高成功率、要留有足够的时间给学生进行自己制作。

模型制作活动的竞赛

竞赛活动是模型活动的重要组成部分。通过竞赛，可以提高学生的制作兴趣和积极性、可以组织展览、评比和比赛等多种形式的竞赛活动，竞赛活动可以在班内进行，也可以在班际或校际进行。

比赛规则的制订

任何一项比赛，都有其比赛规则，模型比赛也不例外。比赛规则的制订，可以按照国家体委颁发的竞赛规则，也可以根据本校的具体情况进行制定。规则的制定要做到简单易行，便于操作。

比赛规则中，应包括比赛项目、比赛内容、比赛评比方法，以及对参赛运动员的要求和对模型制作的要求。

比赛项目中航空模型有风筝、弹射模型、手掷模型、橡皮筋动力模型、牵引模型滑翔机等。航海模型有实体模型、橡皮筋动力船模、电动动力船模、自航帆船等。车辆模型有橡皮筋动力车模和电动动力车模。

比赛内容根据项目不同有所不同，一般有外观模型比赛、竞速和竞距比赛。

外观模型比赛，可以是外观实体模型，也可以是各种动力模型。

竞速和竞距比赛是航空、航海、车辆模型比赛的主要内容。

常见的航空模型比赛有：风筝的留空时间和放飞角度比赛；纸模型飞机的飞行距离和留空时间比赛；弹射模型飞机、牵引模型滑翔飞机、直升机模型、橡筋动力模型飞机的留空时间比赛。

航海模型比赛主要是航向和航速比赛。车辆模型一般有直线竞速比赛和圆周竞速比赛两种。

比赛评分方法

外观模型比赛一般从制作工艺、制作难度、准确度、总印象等几个方面进行打分,竞速比赛中,航空模型分别用时间和距离进行评分,时间越长、距离越远,得分越高。

比赛场地的选择

比赛场地的好坏,影响到比赛能否顺利进行。场地的选择要根据比赛项目、内容来定。

航海模型比赛,要求找个合适的水面,可以到就近的河面或公园的小湖等,较为理想的是游泳池,那儿水面平静,干扰少,易于组织比赛,车辆模型比赛场地要求较低,较容易寻找,场地不要很大,但要求地面平整。如光滑的水泥地。

模型制作活动的实践

学生的制作辅导

经过一定数量的制作后,学生掌握了初步的制作方落,对各种性能的模型和小制作有了一定的了解。这时,辅导员可以启发学生自行设计制作模型和小制作。它能培养学生的独创性和创造性思维。

设计活动应先从改进原有制作入手,提高原有模型的性能,然后逐步深入,鼓励学生大胆设计出新颖的模型和小制作作品来。

设计活动的开展可分为自由设计和命题设计。自由设计是在规定大类的情况下,不规定设计内容和要求,制作材料由自己选。如飞机模型设计,可以设计成弹射模型,也可以设计成橡皮筋动力模型,等等。这种设计要求较高。

命题设计是规定了设计内容或材料。如规定设计手掷模型飞机。设计时可采用纸质材料,也可用木质材料等。命题设计时,要把命题范围尽量小一些,这样便于学生相互交流启发,设计出较好的作品来。

另外,设计用的材料要简单易找,以纸质为主,也可以利用废旧物品,如易拉罐飞机模型设计等。这项活动放在高年级学生中进行较为合适。

看舰船模型图纸

图纸是制作舰船模型的依据。它告诉我们模型的种类、名称、形状和尺寸,使我们了解模型各个零部件的位置情况。认真仔细地看懂图纸，才能选好材料工具，考虑制作方法等。

1.图纸的线条

图纸上常见的线条有：

（1）粗实线：表示物体外表所有看得到的轮廓线；

（2）虚线：表示物体被遮住的轮廓线；

（3）细实线：表示尺寸线、引线和剖面线；

（4）点划线：表示物体的中心线、位置线和轴线；

（5）折断线：表示断开的地方。

2.总分布图

总分布图反映了舰船的总体情况。主要是根据三视图的投影原理。有正视图，即从正前方看模型、俯视图即自上向下看模型、侧视图即从侧面看模型。

3.船体线型图

它是表示船体外型形状和大小的专用图纸。包括纵剖线型图，横剖线型图和半宽水线图。

（1）纵剖线型图。通过船首尾的纵向竖直平面，它把船体分为左右两个部分。中央纵剖面与船体表面的交线叫做中央纵剖线，它反映了船的侧面形状。

（2）横剖线型图。通过船体长度中点的横向竖直平面，中央横剖面与船体表面的交线叫做中央横剖线。由于船体是左右对称的，所以横剖线是左右对称的，图纸上只须画出一半。

一般右边画船体前半部分的横剖线，左边一半画船体后半部分的横剖线。横剖线型图是制作船模骨架的主要依据之制作舰船模型时，一般只要有横剖线型图，就能制作模型船体。因此，大多数船模图纸只给出横部线型图。

4.零件图

从零件图中可以看出零件的形状、结构和尺寸。有些零件图还可绘制成组装图，给制作较复杂的零件带来很大方便。制作时要根据图纸所标明的比例进行。除了解以上图纸以外，还应了解船体的一些主要尺度的名称和意义。

（1）船长。一般有总长和设计水线长。总长是船的首端至尾端的最大水平距离，也称最大长度。设计水线长是指设计水线与船的首尾轮廓线交点之间的水平距离。

（2）船宽。是指船体最宽处的横向尺寸。

（3）型深。是指在横剖面内，基线到甲板边线的距离，它分干舷和吃水两部分。

舰船模型的试航

舰船模型制作完毕，要进行试航。通过试航，了解船模的稳定性和水密性；熟悉模型的性能，掌握试航技术。

试航前，先要考虑试航的内容和要求，对可能出现的问题估计充分。船模下水前，先要把模型进行全面检查。如船模的各个部件是否牢固，动力装直连接是否符合要求，电源接通后，螺旋桨是否能正常

转动等，如果没有问题，就可以下水进行调整。

下水调整分静态和动态两种。静态调整是检验船模的稳定性和水密性。水密性是检查螺旋桨轴的轴套和船体是否漏水。稳定性主要检查模型静态浮在水面上是否与模型水线平齐。

通过调整，使其吃水深度在预定的水线上。在调试中，还要注意船体的左右、首尾的倾斜情况。静态调整后，将舵放正，进行动态试航，试航地点一般要选择风小。水不太深的河面，要避开水草。试航要由近到远，不要逆风进行。

试航时，将模型放在水面，接上电源，螺旋桨能正常运转，将船模扶正，注意前方终点，然后轻轻放天让模型自然开出。模型开出后，要仔细观察船模的航行情况。如发现偏航，就要调整舵的角度，直到直航为止。

在初步掌握试航方法和调整技术后，就可以进一步摸索掌握不同风向、风速条件下的试航技术。

纸模型飞机的制作实践

纸模型飞机纸张选择

一般纸模型都选择120克至180克左右的白卡纸，哑粉纸，亚光铜版纸，喷墨打印纸都可以，不要选择高光铜板纸，避免纸张吸墨。相片纸成本较高，表面光滑，在粘贴时不易粘牢。

纸张的厚度选择也可以根据纸模型的题材选择，一般涉及到弧面的纸模型，如人物、模型龙骨蒙皮等选择120克至150克的，建筑、坦克等弧面较少的可以采用150克至180克的，个别也可以用200克至220克左右的卡纸。

如果新手对纸的克种和厚度没有概念的话，复印纸是70克的，一般克种越重，纸越厚。纸模型纸型大多选择A4幅面的，名片纸一般比标准的打印纸窄。

如果模型制作中部分部件对纸张的厚度有特殊要求，也可以通过裱纸来解决，用橡胶辊滚平，防止气泡产生。当然最好是准备一些不同厚度的纸。

喷墨打印在制作前在打印稿上喷素描定性胶，这样可以保证在制作过程中不会弄伤纸模型，也可以保证不褪色。

制作龙骨一般打印出白稿或将原版纸模型龙骨的白稿贴在1厘米的纸板上制作。

纸模型飞机的制作

纸模型飞机是模型飞机中最简单的。它构造简单，制作方便，最适合低年级小学生的制作。一般用来制作纸模型飞机的纸，要求平整，有一定的刚性，重量轻，90%画纸、卡片纸等。

纸模型飞机分为折纸和粘接两种，也可以制作像真飞机。通过纸模型飞机的制作和试飞，可以使学生学到一些初步的航空模型知识，为今后开展航空模型活动打下基础。

折纸是一种既简单又有益的活动。利用一张纸，经过反复折叠，能折出各种各样的飞机进行放飞。

鸟型纸飞机的制作

1. 工具与原料：长方形纸张。

2. 步骤与方法

（1）需要准备长方形的纸张作为基本的操作材料。将纸张的顶边和底边进行对折，展开之后就可以得到一个中间有折痕的纸张。

（2）再将纸张的左顶角和右底角向中间的折痕进行折叠。

（3）在完成了前面的操作之后，继续将折纸模型的左边的上角和下角向中间的折痕进行折叠。

（4）接着再将折纸模型的左边部分向右边翻折。

（5）可以看到还是需要操作折纸模型的坐顶角和右底角，将这两个角向中间的折痕进行这。

（6）将整个折纸模型的下半部分向后翻折。

（7）这个时候需要操作的主要是折纸模型的坐顶角部分，将左顶角向内进行一个压折。

（8）然后再将朝上的纸飞机翅膀压展平整。

（9）这样，一个有趣的儿童鸟型纸飞机就制作完成了。

舰船模型与动力制作

舰船模型的制作

实体舰船模型是用简单的几何体来反映船体外形和主要设备的立体模型。制作实体模型具有制材方便、花钱少、收获大、真实性强和可供陈列等特点。

实体模型能提高制作者的识图能力，对初学者较为合适。

实体模型材料一般选用木质较软的松木等，也可以用有机玻璃、泡沫塑料等制作，适合中年级小学生制作。

1.船体制作

找一块平整光滑的木板，在上面画出船的侧面和平面的外形轮廓。用小刀加工成型，并用砂纸打磨石滑。要注意船体两侧的对称。

2.上层建筑

把各层甲板的外形画在木片上，用刀刻出磨光，然后把甲板一层层粘合在一起，甲板上需钻些小孔，以便插入天线和桅杆。

3.设备

制作方法基本上与上面相同。桅和天线可用竹丝或金属丝制作。舷灯规定左舷为红色，右舷为绿色，可用废的发光二极管或用红、绿颜色的牙膏柄制作。雷达用金属片制作，其他部件用木块、木片或有机玻璃制作。

4.组装

组装前，按图在船体甲板上画出各个零件的粘合位置。组装步骤可看模型立体分解图，没有立体分解图，可以根据图纸的侧视图和俯视图进行组装。

5. 模型上漆

等胶水干后，在凹凸不平处嵌上腻子，并用砂纸打磨光滑，然后涂一二层清漆，再用水砂纸轻磨。最后根据模型各部分的颜色要求上漆。

侧影舰船模型的制作

1. 侧影舰船模型的材料

侧影舰船模型是反映舰船侧面形象的平面模型。它以舰船的侧视图为依据，用线条来表示舰船的形状和各种设施。

侧影模型制作容易，适合低年级小学生制作。侧影模型的制作，实际上是采用粘贴、拼接的方法，来制作船体和主要设备的。所以制作材料容易找，如吹塑纸、彩色卡纸、瓦楞纸、布料、木料等都可以用来制作侧影模型。

2. 侧影舰船模型的制作

用硬纸板或木板做底板，用铅笔把集装箱船的轮廓画在底板上。然后把集装箱船上各个部件分别画在蜡光纸的背面，用剪刀或刀片把这些部件裁下来，粘贴在底板相应的位置上。

各种颜色的配置为海蓝色的干舷，上层建筑和白色的桅，红色烟囱，任意选择不同颜色的集装箱，只要不与船体和舱面建筑颜色相同就可以了。

橡皮筋动力舰船模型制作

橡皮筋动力舰船模型是利用橡皮筋扭曲和拉伸变形储存的能量，带动螺旋桨来驱动模型航行。

舰船模型的橡皮筋，可以安装在船体外面，也可以安装在船体里面。如果橡皮筋安装在船体外，结构简单，制作容易，但橡皮筋使用寿命短、弹性差。装在船体内，结构比较复杂，制作难度增大，但使用寿命长。

体外橡皮筋动力舰船模型，可利用前面制作的实体舰船模型，只要在船底装上动力装置就行了。动力装置由螺旋桨、橡皮筋来组成。用白铁皮制作螺旋桨和轴架，用自行车辐条制作桨轴和弯钩。弯钩也可以用羊角圈代替。

体内橡皮筋动力舰船模型，船体制作和动力安装难度较大。

橡皮筋动力舰船模型的制作方法，体外橡皮筋动力船模，可安排在低中年级段制作。体内橡皮筋动力，因制作难度较大，可安排在高年级段进行。

电动舰船模型的制作

电动舰船模型是利用电动机带动螺旋桨旋转，推动模型航行。电动模型一般选用玩具电动机，它具有体积小，使用方便等特点。

1.船体制作

(1)制作肋骨。把肋骨线型图分别画在三合板上,加工整形。

(2)制作龙骨。龙骨是纵贯船体、连接船首柱、尾柱和各个肋骨的重要部件。根据船体的侧视图,画出龙骨图,粘贴在五合板上锯下,经整形处理就可以了。

(3)组装框架。由于导弹艇的甲板是平的,可把肋骨按位置,倒置在水平的工作板上,用大头针固定。要注意各肋骨的中心线对称将龙骨朝下,对准各肋骨的龙骨槽口。如槽口不正,要进行修正。

然后,在槽口涂上胶水,将龙骨插入各肋骨槽口中。找几根松木条用同样方法将龙筋粘在肋骨上。在粘接时,可用大头针进行固定。等胶水干后,检查框架是否牢固、是否平直对称。

(4)上船壳板。船底板用松木板分左右两边从船尾到船首整块铺盖,在所有结合处涂上胶水,并用大头针固定。然后再上左右侧板,

五彩校园文化艺术活动丛书

最后用砂纸进行加工。

（5）制作船头。由于船首曲度较大，船头要用木块削制。找两块实心松木块，削成船头形状粘上，等胶水干后进行修正。

2.动力装置的制作

（1）制作螺旋桨。用自行车辐条作螺旋桨轴并将螺旋桨焊接上。

（2）制作轴套管。采用内径略大于螺旋桨轴直径的铜管或用铅笔去掉笔芯做轴套管。

（3）安装电动机。用两块小木块，放在4号肋骨后面作底座，把电动机放在上面，使电动机轴与螺旋桨轴处在同一直线上。用胶水固定电动机座，用铁皮和螺丝将电动机固定。

（4）制作连接器。用内径与螺旋桨轴和电动机轴直径相等的弹簧，将弹簧分别套在两根轴上并焊牢。

（5）电源。用3节1号电池，串联成4.5伏电压输出。做个简易电池盒，固定在2号至3号肋骨之间。用导线将电池、开关、电动机串联起来，就完成了。

3.舱面建筑

根据图纸，制作舱面上的各个部件，进行组装，然后将舱面建筑粘接在甲板上就行了。

电动舰船模型，船体和动力装置制作难度较大，可以作为提高项目在高年级学生中制作。

车辆模型的制作实践

纸盒车辆模型制作

利用废旧的包装纸盒，如药瓶盒、牙膏盒、火柴盒等制作车辆。这种模型制作材料简单易找，制作时只要利用纸盒的原来形状，稍加剪折，就能做成形象逼真的车辆模型。适合于小学中低年级学生制作。

准备：长纸盒、彩色卡纸、水笔、矿泉水瓶盖等。

1.在长纸盒的一端，剪出一个缺口。

2.将盒舌整理折好。

3.将上口向下折。

4.彩色卡纸剪成小块状，在上面画上人物的头像。

5.将画好头像的卡片粘到盒体上。

6.把矿泉水瓶盖装到盒体下作轮子，车子的雏形就出来了。

7.给车体尾部加装一个轮子。

8.吉普车就完成了。

牙膏盒卡车的制作

取牙膏盒一只。在一头剪开，用胶水粘好车头，用透明胶片作车窗贴上将盒的后边，剪去多余部分做成车身。在盒的底部前后、左右各剪去一部分做轮壳。

1.把牙膏盒左右两面各剪出一个三角形；

2.然后用双面胶固定；

3.用剪掉的牙膏盒制作车头和车尾；

4.用橡皮泥、瓶盖、吸管制作成车轮；

5.固定好车轮；

6.小车就完成了。

风力车辆模型的改装

风力车辆模型是利用风力推动而向前行驶的车辆模型。它的原理与帆船相似，但制作比帆船简单，是适合小学低年级学生制作的动力车辆模型。

市场上供应的玩具电动机，如WZY—131型、WZY—151型等，它的工作电流、重量、体积和功率都比较小。

根据电动机驱动车轮的方法不同，可以分为直接驱动、摩擦转传动和齿轮传动等几种方法。前面介绍的橡皮筋动力车辆模型，一般都可以改装成电动车辆模型。

直接驱动电动车辆模型

取200×4×4毫米的松木条两根，3毫米厚的木片一块，短木条两根，加工粘接起来。注意做好的车身应前窄后宽。然后取1毫米厚的木片一块，贴在车身下，用来放电池。这样车身就做好了。

用白铁皮包住电动机，用螺丝固定在车身后的木块上。在电动机轴上套上两个玩具轮子。用大头针穿过车身前安装轮子的部位，穿上前轮。从电动机上接出电线，装上电池，接通电源就能试车了。多由于前轮两边的空隙较小，可以剪两段废圆珠笔芯管套上，但不要将前轮固定住，以免影响前轮转动。

试车时，如车向后退，只要交换一下电池的正负极就能纠正过来。当车辆不能直线行驶时，可调整前轮的角度，如向右偏，将前轮向左扭一下，如向左们侧前轮向右扭，经过几次调试后，就能直线行驶了。

这辆电动车模适合于直线竞赛用，如果要制作一辆圆周竞赛车模，则应将车身缩短，把轮子装在车身下。

固定前轮的螺丝要长些，用来挂牵引线。圆心用一块木板，中间固定一根长钉，用1.2米左右的尼龙线，两头各打一个空心结，套在螺丝和铁钉上，能灵活转动。

这时接通电源，车模在尼龙线的牵引下，作圆周运动。如果试车时要翻车，可以把前轮稍微向外偏一点。

齿轮传动电动车辆模型

齿轮传动电动车模，是用电动机轴上的铜齿和后轴上的齿轮组成传动机构，来驱动车辆前进。

1.底盘

用三合板加工成车底盘的外形。在装轴架、电池极片和装电动机位置的两侧各打一个孔，准备装螺丝用。

2.轴架

用两块75×10毫米的白铁皮，在距两端7毫米处各打一个能穿过车轴的小孔。并把两端弯成直角，固定在底盘上。

3.车轴

用自行车辐条穿入轴架上，并在轴架两侧在车轴上各套上一节塑料管，防止车轴左右移动。在车轴的一端，套上圆齿轮并固定住。用同样方法固定前轮轴架和轮轴，装上前后轮子。

4.电动机

用玩具电动机，先在电动机轴上装上钢齿轮，然后用白铁皮将电动机包住固定起来，这时两个齿轮应当吻合。

5.电池

用白铁皮做电池夹。用电线将电动机与电池夹连接起来，安装好开关。

安装完毕，注意检查各个部件安装是否正确。接通电源，检查齿轮是否太紧或太松，能否顺利带动后轮。

电动车辆模型，对于小学生来说是很吸引人的，它比其他电动模型容易制作，车辆跑得快，开得远，同时还是一般的竞赛项目。直接驱动电动车模可以在中年级段小学生中制作，高年级段小学生则可以制作齿轮传动的电动车辆模型。

声学制作活动的实践

声学制作

小制作活动的内容十分广泛。它可以是很简单的一件小摆设,也可以是利用声光电做的较复杂的制作;它可以根据某个学科原理进行制作,也可以是小工具制作。

在开展小制作活动中,经过老师的精心辅导,和学生自己动手制作后,可以引导启发学生仔细观察各种生活用品。实验仪器等,在小学生中开展小发明、小创造活动,可以锻炼学生的观察思考能力和创造能力。

土电话制作

电话是利用声音振动传播的原理设计的。它取材简单,制作方面,适合小学低年级学生制作。

1.话筒

找两只塑料冰淇淋杯或纸杯,用剪刀把杯底剪掉。每个纸杯都是既做话筒又做听筒。

2.振动膜

用牛皮纸做振动膜。将纸剪成圆形,比纸杯底直径略大。用胶水将圆纸贴在杯底,纸尽可能拉紧。

3.穿线

找一根几米长的棉线,把两个纸杯连起来,用大头针在纸杯振动

五彩校园文化艺术活动丛书

膜中心穿一小孔,把棉线分别穿入两个纸杯中,并打个结。这样,土电话就做成了。

4.游戏方法

让两个学生,一人拿一只纸杯,一人把纸杯当话筒,一人把纸杯当听筒。当一人对着话筒小声说话时,声音使振动膜发生振动,通过拉紧的棉线传到对方的振动膜上,使听筒发生同样的振动,这样声音就传到另一个人的耳朵里去了。

六弦琴制作

1.制作琴身

找一个结实的小纸盒子,再找六根皮筋,把皮筋一根根地套在小纸盒上,让它们相互间保持相等的距离。

2.制作"码子"

裁一张硬纸,折成一根长的三棱柱,放在六根皮筋下边,把皮筋支起来。再做六个小三棱柱当"码子",依次卡到六根弦下,使六根弦长短不一。

3.调试声音

用手指弹一弹,你会听到六根弦发出不同的音调。适当移动"码子",可以弹出几个标准音,把"码子"粘牢,就能弹出优美的乐曲了。如果盒子过大,也可以把橡皮筋剪断,用图钉或穿孔打结的办法固定到纸盒的两侧。

4.相关原理

仔细观察一下你的六弦琴,你会看出,这六根弦振动部分的长短不同,而且紧张程度也很不同。音调高的,皮筋的振动部分又紧又短;音调低的,皮筋就比较长而且松。可见,皮筋振动的频率和它的长度、松紧程度有关系。

琴弦长度和音调的关系早就引起了人们的注意。我国战国时代就有"大弦小声,小弦大声"的记载。古希腊的数学家毕达哥拉斯,专门对琴弦做了研究。他发现,琴弦的长度符合数学规律时,琴就能发出和谐美好的声音。

毕达哥拉斯用的是三弦琴,他计算出,当三根弦的长度适合比例式时,琴声最和谐。

"示波器"制作

让我们做个土"示波器",用它来观察声波。

找一只空铁皮罐头盒,去掉盖和底,用一小截铁烟囱也行。再找一个破气球,

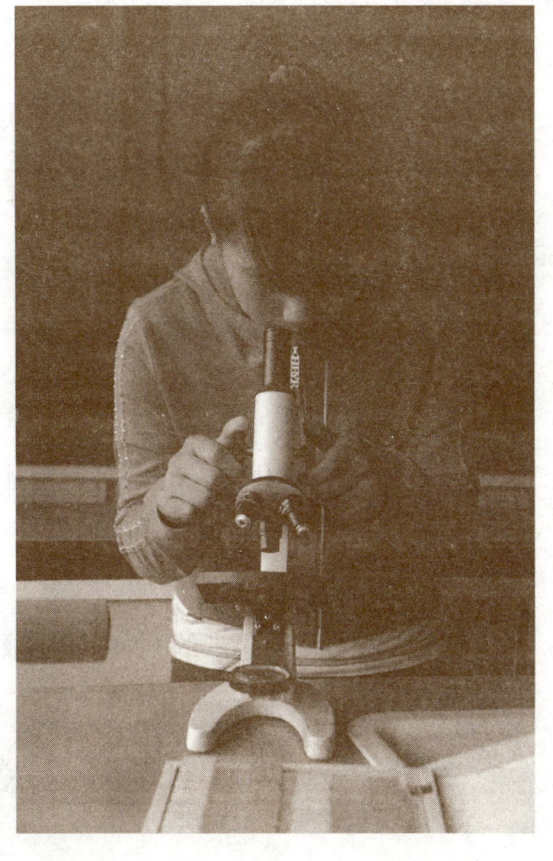

把气球皮剪开,盖到铁筒的一头,用小线或皮筋把气球皮绷紧扎牢。再找一小块3平方厘米至9平方厘米镜片,没有镜片找一小块玻璃也可以。把小镜片粘在绷紧了的气球膜上,使小镜子的位置在铁筒口的一侧,注意不要在正中心。这就是一个土"示波器"。

在有阳光的情况下,你拿着土"示波器"站到窗口,让阳光斜射在那块小镜子上,看!小镜片反射出的阳光在墙上映出了一块光斑。那就是土"示波器"的光屏。当你对着土"示波器"的筒口高声喊叫的时候,光屏上出现了波影!

光学制作活动的实践

光学制作原理

光学小制作是利用光的反射、传播等原理设计的。制作时要用玻璃和镜子。利用光学原理制作的万花筒，适合于低中年级学生制作。

万花筒的制作

把裁成300×50毫米的3块玻璃搭成三角校柱，在柱上用透明胶带粘住。在筒的一头贴上一块三角形玻璃或玻璃纸，用胶带粘住。

用硬纸做个框，把各种彩色碎纸，装入后框，在框上再放一块磨砂玻璃，用胶带粘牢。在开口的一头，用带孔的硬纸封住，三面玻璃均用黑纸糊上，再在外面核上一层漂亮的纸，如挂历等，用胶水粘好。这样，一只漂亮的方花筒就做好了。

如果在放碎片的地方，放入一只画好的彩色小蝴蝶或其他小动物、小昆虫，那将看到更加奇妙的蝴蝶奇观。

还可以用透明的水晶球或凸透镜等制成望远镜式的万花筒，具体制作步骤如下：

准备塑料薄镜或玻璃片三面、透明玻璃球、硬纸板、彩色包装纸、透明塑料薄膜、小刀等材料。

先将三面长宽一样的镜子或玻璃片对在一起用胶带固定住，操作时要注意别划伤手指。使之成一个三角空心体。要注意，使镜子的映照面朝向内侧；

再在空心体的一头，卡一个玻璃球，也用胶带固定；

然后在三角体的外面卷上一层硬纸板，使玻璃球只露出个头；

下一步是在筒子的另一头空心处粘上透明的塑料薄膜，并挖一个观察洞；

最后在三角体的外层粘上好看的彩色纸，用透明胶带固定住就可以了。

好了，万花筒做好了，快举在眼前看看，能看到什么？哇！能看到外面的东西哪！这就是它的神奇之处，一般的万花筒只能看到里面的东西，这个神奇的万花筒却可以看见外面的景色哦！

机械制作活动的实践

机械制作

机械中的曲轴在小制作中能发挥很大的作用。它是利用曲轴转动时，曲轴上的物体上下翻的原理设计的。

用三合板锯成长方形，并挖两个长方形孔，用砂纸磨光。用两个细铁丝，一根做前车轴，一根做成双动曲轴，做后车轴，用白铁皮做

四个车轴架,将轴架固定在长方形底板上,穿进车轴,装上轮子。

在硬纸板上,分别画出阿童木的身子和两个手臂。用细铁丝将手臂和身体连接起来,使手臂能自由摆动。用两根细铁丝,分别将手臂和曲轴连接起来。

在阿童木前方放上一只鼓。鼓用乒乓球制作,将乒乓球上下各剪掉一些,再在剪去部位糊上牛皮纸即可。

使用方法

推动小车,使双动曲轴一上一下翻动,由铁丝带动阿童木手臂,一上一下挥臂击鼓。

利用曲轴可以制作许多玩具,如活动小鸡等。只要肯动脑筋,必定能设计出更好的曲轴小制作来。这项小制作适合于中年级小学生制作。在高年级学生中,可以启发学生自己进行设计制作。设计时,要弄清楚哪几个部位是活动的,动的幅度如何,然后用高低或正反的曲轴来进行带动。

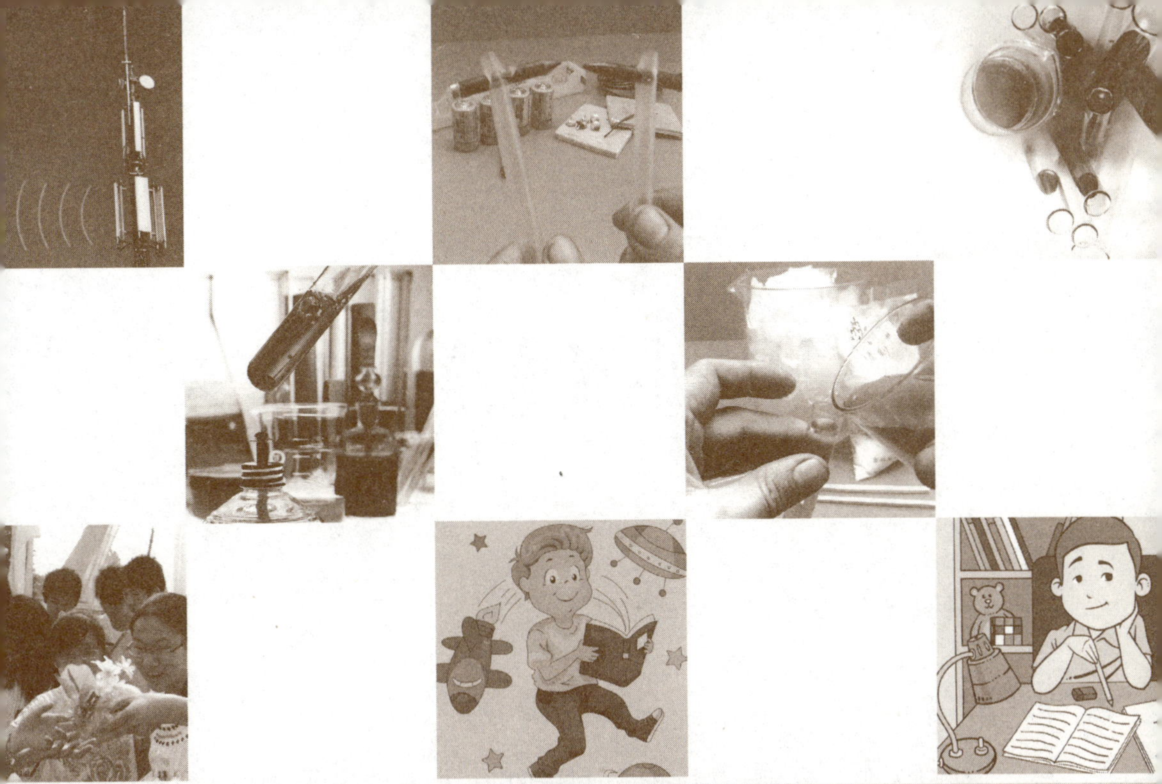

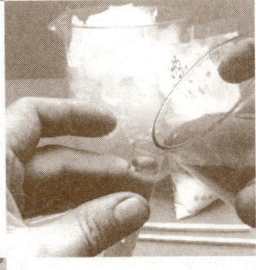

NO.4 学生小试验小制作指导

声学小实验小制作

气球会传声

取一只大小适当的气球，把它吹大到直径25厘米左右。用细绳把气球吊在竹竿上，并使细绳能在竹竿上移动。

在竹竿的一边挂一个闹钟，让闹钟的正面对着气球一边的中心。你站在气球的另一边，距离应当是使你正好听不清闹钟的"滴答"声。

移动气球位置，或调整你所站的位置，原来听不清楚的声音突然变得清楚了。

这是球内的气体把声音会聚到你耳边的缘故，只要把比空气密度大的气体充入气球，都能起到这种作用。我们这只气球里充入的就是你吹出来的二氧化碳气体。

米花的舞蹈

在衣架上系十来条细线，间隔约5毫米，在每根线的另一端挂一粒爆米花，把衣架挂起来。

找一根弹性较好的橡皮筋，用嘴咬住一起，用左手拉紧另一端，靠近米花的下部，用右手指去拨动橡皮筋。由于橡皮筋的中部振动最强，所以中间的一些米花首先摆起来。橡皮筋振动得越剧烈，米花摆动越大。橡皮筋停止振动，米花也就停止摆动。

由于橡皮筋振动，引起周围空气的振动，就使米花摆动起来。这个游戏也可以用来说明声音是怎样传播的，若这种振动的频率在200赫兹至20000赫兹之间，传到人耳的鼓膜上，就听到了声音。

水中的振动

由于振动而发出的声音，可以在固体和气体中传播，声音能在液体中传播吗？用细线系好三把旧钥匙，放入盛水的大饮料瓶内并上下抖动细绳，你听到了什么？可以听到碰撞声从水中传出来。仔细听又会发现，钥匙在空气中碰撞和在水中碰撞发声是不一样的。学生经过亲手做、亲眼看的实验过程，将会对声音的传播有了比较深刻的认识，并可以激发学生继续去探究新的知识。

不同的声响

将两个饮料瓶都剪去底部并做成喇叭状，用细线系在瓶口的瓶盖上，再用细绳的中间部分系住一把钢勺。将两个喇叭口罩住两只耳朵并贴紧耳根，并用钢勺去撞击桌子等物品时，你能听到什么？

可以请几位学生上台试试，并谈谈自己的感受。通过课堂参与的小活动，可以激发学生的兴趣，调动其求知的积极性。继续让一个学

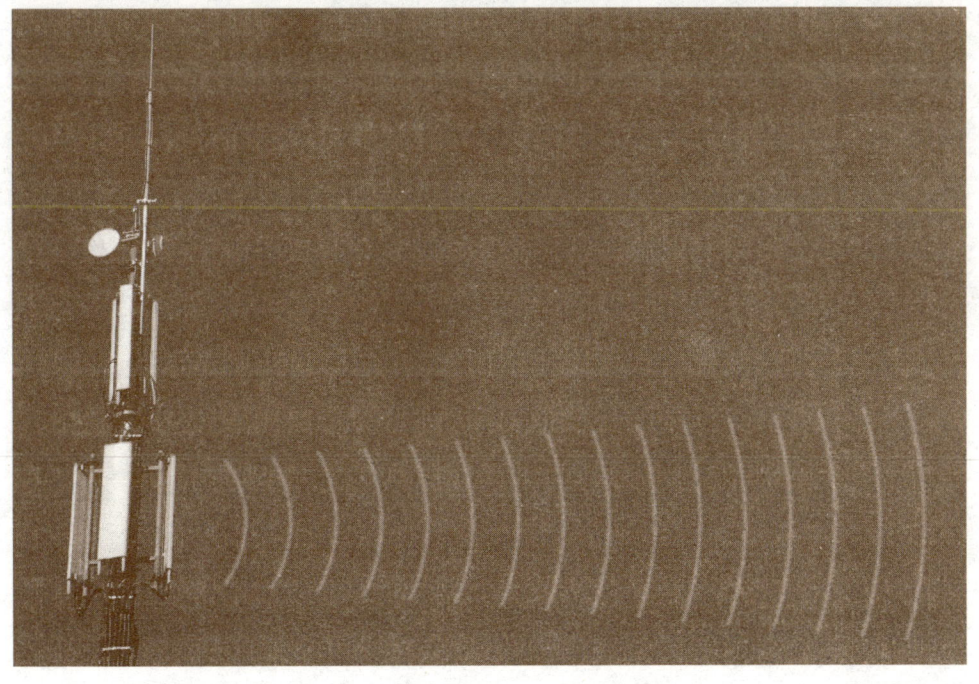

生手提着细线并用钢勺碰撞课桌,再谈谈手上的感受。通过刚才的小实验可以让学生了解到,振动能够发出声音来;并且可以通过细绳等物体向外传播。同一个声音从空气传到耳朵和从细线等传入耳朵,其感受却是不同的。

自制频率计

声音的产生,其音调有高有低。我们可以将饮料瓶剪去底部,瓶壁剪成齿状,瓶盖钻孔后用筷子紧紧插入,做成频率计。用右手捻转筷子,同时用齿去碰纸片,当快转或慢转时,你听到的声音有什么不同呢?在实际操作中,可以培养学生动手和动脑的能力,加深对频率概念的理解。

水哨的制作

取一吸管,用剪刀在吸管中央开一个小口,不要剪断,让吸管一端插入装满水的饮料瓶中。将吸管弯成直角,用嘴连续吹气,同时调节吸管插入水的深度,能听到悦耳的哨声。

原来,水哨的声音是由插入水中吸管内的空气柱受振动而产生的,并且空气柱长时音调低,空气柱短时音调高。通过自制水哨,创设情境,可以培养学生的创新思维能力。

利用饮料瓶还可以制作很多声学小实验,比如利用两个相同的饮料瓶听共鸣声,利用剪掉底部的瓶子当喊话器使用,等等。作为教师,应积极设计和选用一些简单的材料做小实验,光靠说实验是不行的,而应该去做。只有在做中,才会有新的发现,提出新的问题,并努力探究,去想办法解决它。

磁学小实验小制作

寻找磁铁棒

选两根完全相同的小铁棒，缝衣针也可以，其中一根在强磁铁的一个极上擦几下，使小铁棒也带磁性。另一根则没有磁性。对于这样两根外表一样的小铁棒，你能不借用其他东西的帮助，把那根带磁性的小铁棒找出来吗？

办法是有的，拿一根小铁棒的一端去接触另一根小铁棒的中间。如果端部吸引另一根小铁棒，那么你拿着的那一根是有磁性的。

如果互相不吸引，那么你拿着的那根是没有磁性的。因为任何磁铁的磁性都集中在靠两端的地方，而中间几乎没有磁性。

奇怪的磁画

在一块书本大小的硬纸板上，画上一个脸谱，然后把细导线沿着脸谱的轮廓布设在上面，并用透明胶纸把它粘住，不使它松动。

再用一块同样大小的薄硬纸板，合在上面，用胶纸把两张纸粘牢。在薄纸上面撒上细铁屑。把细导线的一端串联一个2～3欧姆的电阻后和电池的一个极相接，导线的另一端和电池的另一个极相接。

轻轻地敲打硬纸板，纸板上就会魔术般地出现一张人脸。如果你能把导线和电池隐藏起来，并用隐蔽的开关控制电流，那就能让观看的人目瞪口呆。

这是因为电流通过导线时会在导线周围产生电磁场。当你敲下硬纸板时，靠近导线的细铁屑受磁场作用而聚集起来，形成画像。

自制指南针

指南针能够指示方向，能够帮助我们在迷失方向的时候找到出路。人类运用指南针的历史已有上千年了。其实指南针的工作原理也是相当简单的，现在就让我们来亲手制作一个简易的指南针吧！

先准备一块磁铁，一根针，一把剪刀，一碗水和一张扑克牌。然后开始做实验：

把扑克牌剪成像缝衣针大小的一个圆。用针的粗头在磁铁的一端摩擦50下。注意，摩擦的时候要保持在同一个方向摩擦。

用针的细头在磁铁的另一端也摩擦50下。注意，摩擦保持在同一个方向。

把扑克牌轻轻放在水面上。把针轻轻放在扑克牌上，试着转动扑克牌。当碗里的扑克牌静止后，看看扑克牌上的针的两端分别向哪两个方向。哈哈！针的两端正好分别指向南北两个方向。再来几次，结

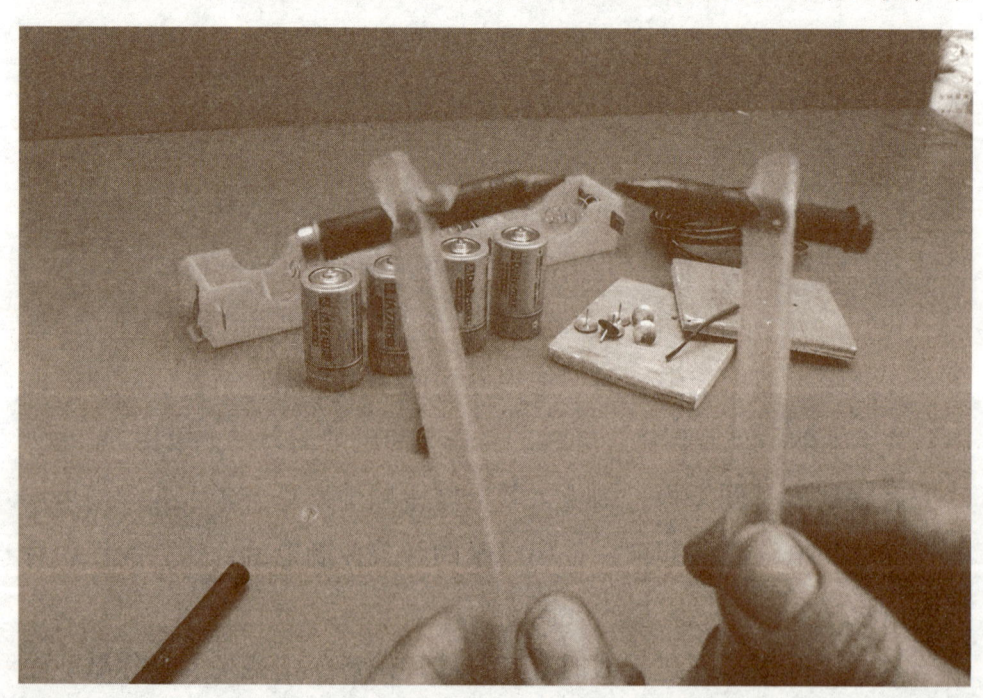

果都是一样。

原来，地球本身是一个大磁场，有它的南北两极。而针在磁铁上摩擦后，也有了自己的磁场，自己的南北两极，因此，针在静止后分别指向南北两个方向。

转动的铜丝

准备如下材料：1号电池，纽扣状小磁铁，较硬铜丝。

实验方法：

将磁铁吸在电池负极上。把铜丝弯成环形，在中间部分弯出一个尖。用尖顶在电池正极上，铜丝两端接触小磁铁。将电池正上负下放置。

注意：铜丝做的要像心形，但要把心形底部尽量做平，现在可以发现，心形在绕着电池轴线转动。

原理：导线中的电流受铜丝磁场力的作用旋转，可用左手定则判断受力方向。

拾音器的制作

制作前，首先准备直径0.1毫米的漆包线若干，可从废旧收音机里的输出或输入变压器上拆取；长方形磁铁一块、厚度10毫米，直径50毫米左右的废雪花膏盒一个，小刀一把、砂纸一小片。然后开始做实验：

用漆包线按顺时针方向在小磁铁上绕圈，绕80匝至120匝，然后在外头粘一层黑胶带。

用小刀刮去漆包线两根线头表面的绝缘漆，用胶布粘牢。

把绕好的线圈装进小铁盒子里去，就是装雪花膏的废盒子，在它的边缘开了一个小洞，这个小洞就是音频线的入口。

把漆包线两根线头接上耳机插头，把它插到收音机的耳机插孔里去，找开收音机，电台美妙的播音声就会从小铁盒子里传出来。

电学小实验小制作

转动的铅笔

把一支铅笔放在地毯上。你能不用手触及铅笔,而使铅笔按一定方向转动吗?

其实这很容易,只要光着脚在地毯上蹭几下就可以了,当然只有在干燥的日子才有效,然后伸出一只手指去接近铅笔,铅笔就会跟着你的手指转动。因为你用脚在地毯上摩擦的时候产生了静电,因而手指上也带上了静电荷,静电吸引使铅笔转动。

静电喷泉

在桌子上面放一块塑料板,板上再放一只装满水的白铁皮桶。取一根尖嘴玻璃管,尖嘴直径约0.3毫米,平的一端插入橡皮管中。将橡皮管灌满水后,橡皮管的另一头放入白铁皮桶内的水中,利用虹吸现象,一股水流即从玻璃尖分中射出。

再用导线将白铁皮桶连接到感应起电机的一个电极上。接着,摇动感应起电动。

这时就可以看到从玻璃管的尖嘴外射出一股美丽的"喷泉",这就是"静电喷泉"。这时,如用灯光照射,效果会更好。

如果你不停地摇动感应起电机,并请别人用一支点燃的蜡烛火焰去烧尖嘴前的水流时,"喷泉"顿时消失而又成为一股细水流;当点燃的蜡烛从水流旁移开时,水流就又变成"喷泉"了!这是怎么一回事呢？

原来，由于静电感应，使桶和桶内的水都带上了大量电荷，当水由尖嘴中射出时，由于同性电荷互相排斥，水滴流也会排斥，这样就形成了向四周散开的喷泉。

火焰会把空气电离成许多正离子，再与水中的电荷相互中，"静电喷泉"便随之消失。

自制导电纸

描绘静电场中的等势线时，需要用到导电纸，自制的导电纸一样好用。

方法一

自制导电纸需要的材料有废干电池、胶水、废报纸等。

先把废干电池中的碳棒取出，捣碎后放入容器中用水湿润，逐渐加入胶水并不断搅拌，使其成为油漆状粘稠状态，再用纱布过滤。将这种导电涂料均匀涂刷在纸上，待晒干或烘干后便可使用。

方法二

准备一张普通白纸和一瓶碳素墨水。在普通白纸下垫一薄膜，用板刷均匀刷上一层书写碳素墨水，待晒干或烘干后再刷一次，干后即可使用。

方法三

准备糊精、白纸、石墨粉或废干电碳棒细末若干。加少量清水到糊精里搅拌匀，再涂抹在白纸上，用两层棉纱包着石墨粉在纸上筛洒，待干后即可使用。

静电除烟

准备带塑料盖的空水果罐头瓶一个，4.5×9厘米的铁皮两块，6厘米长2号铁丝两根。用砂纸打磨两铁皮、铁丝、用大功率电铬铁焊接，先用盐酸处理一下焊接处更好。

在罐头瓶塑料盖上钻两个小孔，两孔相距20毫米，然后把铁丝从盖内穿至盖外，盖在瓶上。实验时，先把感应起电机两电极分开，各用一根导线接在两铁丝上。

然后打开瓶盖，抽一口香烟向瓶里喷去，或把瓶口向下放在点燃的蚊香上方1~2分钟，立即盖上瓶盖，这时瓶中充满烟气。摇动感应起电机，瓶内烟气马上成一缕缕的，然后立即全部消失干净。瓶内烟雾为何会消失呢？

简易空气清洁原理装置是由容器与平行放置的两块金属板制成，假定A板接高压电源正极，B板接高压电源负极，这时AB极板间就会产生很强的静电场。

当容器内充满烟气时，在强大的静电场内，空气分子将会电离成电子与正离子。正离子跑到B板得到电子又重新变成空气分子。电子则在奔向A板的过程中，遇到烟气分子并使之带负电被吸到A极板上，经过很短的时间，容器内的烟气分子就会消失，而清洁空气则充满容器。

力学小实验小制作

有趣的"啄木鸟"

在一根金属棒或铅丝上松松地穿上一个小木杯，在木杯上安一个弹簧，弹簧的另一端固定一只"啄木鸟"。金属棒的顶部固定一个小球，底端固定在一个较重的木座或金属座上。

用手拨一下"啄木鸟"，让它作上下摆动，这时，木杯的倾斜度会改变，小木环连同"啄木鸟"靠自身的重力，会沿着金属棒徐徐下落，并会引起"啄木鸟"作上下振动，真像"啄木鸟"在啄着树干，非常有趣。

神奇的喷泉

在两个大烧瓶的橡皮塞上各打两个小孔，一把一个长管玻璃漏斗穿过一个孔并接近瓶底，漏斗下接皮管也可以，瓶里盛一些水。把一根尖嘴玻璃管插进另一个盛满水的大烧瓶。

两个塞子的另两个小孔各插一短玻璃管，相互用皮管连接，接口处必须密封好，只要往漏斗里灌水，尖嘴玻璃管就喷水。漏斗内的水漏完时，那边的喷泉也停止。如果把喷口弯一个角度，使喷出的水正好喷入漏斗，喷泉就能持续进下去。

原来，漏斗里的水进入烧瓶后，瓶内的空气受压，因为两瓶是相通的。另一瓶的气压也相应增大，于是就把水从尖嘴压出，形成喷泉。

微型潜水器

科学家探索海洋深处的秘密，靠的是潜水器。虽然一些潜水器带有压缩空气瓶，但通常还要通过泵从地面往下输送空气。

我们有可能利用一个倒置的杯子来构成一个微型潜水器。

首先，将手帕搓成一个球，紧紧塞进杯底，杯子颠倒过来后，要使手帕不至于掉出来。将杯子垂直放入水中，用手按住，以免杯子往上翻。

从水中取出杯子，整理好手帕。手帕竟一点也没有被水浸湿。原来奥妙在于杯子在放进水时，留在杯中的空气将水阻住，使它不能完全进入杯里。

受力实验

准备一个椭圆截面的大墨瓶、一根内径很细的长玻璃管、一个橡皮塞、一块5×15厘米的小三夹板、铁丝等。

这个实验成功和要点在于制作内径很细的长玻璃管。把一根普通

玻璃管放在酒精喷灯上加工,把它拉成所需要的玻璃管。在橡皮塞中央开一个小孔,孔的粗细视玻璃管的粗细而定,三夹板上贴一张画有刻度的纸,并在三夹板下端开两个小孔,用铁丝将三夹板固定在墨水瓶的瓶颈上。

把玻璃管插入橡皮塞,在墨水瓶中灌满深色的水后,将橡皮塞塞紧在墨水瓶上。

然后,沿墨水瓶椭圆截面短轴方向向里挤压瓶子,细玻璃管内液柱将明显上升。这是因为玻璃瓶受力变形,使瓶内体积减小的缘故。

沿墨水瓶椭圆截面长轴方向向里挤压瓶子,细玻璃管内液柱将会明显下降。这是因为玻璃瓶受力变形,使瓶内体积增大的缘故。

超重和失重

找来一支废牙膏皮,拧下盖,打开后面卷着部分,用圆木棍把它鼓起来,洗净里面的残存牙膏。

用针在牙膏皮靠近盖帽的圆筒两对边各钻一小孔,盖好盖。小孔不要过大,把牙膏皮装满水后,水刚好能射出为宜。

实验时,用一个桶接大半桶水放在牙膏皮运动的正下方。

先将牙膏皮装满水,手持牙膏皮上端不动,可以看到水从小孔里射出。

迅速手持牙膏皮向上匀加速运动,可以看到小孔里喷出的水比刚才喷得更急、更远。这是因为筒内的水处于超重状态,它对牙膏皮筒壁的压力增大的结果。

再将牙膏皮装满水,手持牙膏皮筒在高处不动,可以看到水从小孔里射出。突然丢手,让牙膏皮做自由落体运动。大家可以看见原来向外喷水的牙膏皮,在向下落时,一点水也不向外喷射!这是因为水处于失重状态时,它对牙膏筒壁的压力几乎减小为零了。

神奇的牙签

放在水里的牙签,会随着放在水里的方糖游动,还是随着放在水里的肥皂游动?

准备牙签、一盆清水、肥皂、方糖等物品。

开始实验,先把牙签小心地放在水面上。再把方糖放入水盆中离牙签较远的地方。牙签会向方糖方向移动。

然后,换一盆水,把牙签小心地放在水面上,现在把肥皂放入水盆中离牙签较近的地方。这时,牙签却会远离肥皂。

这是为什么呢?原来,当你把方糖放入水盆的中心时,方糖会

吸收一些水分,所以会有很小的水流往方糖的方向流,而牙签也跟着水流移动。但是,当你把肥皂投入水盆中时,水盆边的表面张力比较强,所以会把牙签向外拉。

请你试一试,如果将糖和肥皂换成其它物质,牙签会向哪个方向游去?

吃鸡蛋的瓶子

准备熟鸡蛋1个、细口瓶1个、纸片若干、火柴1盒。

先将熟蛋剥去蛋壳,然后将纸片撕成长条状,并将纸条点燃后仍到瓶子中。等火一熄,立刻把鸡蛋扣到瓶口,并立即将手移开。这时,鸡蛋能从比自己小的瓶子口掉进去。这是为什么呢?

原来纸片刚烧过时,瓶子是热的。当鸡蛋放在瓶口后,瓶子内的温度渐渐降低,瓶内的压力变小,瓶子外的压力大,这样就把鸡蛋挤压到瓶子里去了。

同学想一想,当瓶子中气体的压力大于瓶子外面的压力时,瓶子会发生什么变化?

瓶子变瘪了

你能不用手,把塑料瓶子弄瘪吗?

准备水杯两个、温开水1杯、矿泉水瓶1个。

首先将温开水到入瓶子,用手摸摸瓶子,是否感觉到热。再把瓶子中的温开水再倒出来,并迅速盖紧瓶子盖。

现在观察瓶子:你会发现瓶子竟然慢慢地瘪了。

这是什么原因呢?原来加热后,瓶子里的空气的压力降低了。这时拧紧瓶子盖,由于瓶子外的空气比瓶子内的空气压力大,所以把瓶子压瘪了。

同学们想一想,如果瓶子里气体的压力比瓶子外空气的压力大,瓶子又会变成生么样子呢?

气垫"大力士"

找两只上口大、下底小的玻璃杯,叠放在一起。用手稍稍提起上面一只玻璃杯,对着两只杯子之间的缝隙吹气。这时候,上面一只玻璃杯会跃跃欲试跳出杯外,提着玻璃杯的那只手,必须用力握着才行。

如果将一枚曲别针放在两只玻璃杯之间,使它们中间留有缝隙,不用手提着,猛一吹气,上面一只玻璃杯"突"的一下,真会跳出下面的杯子哩!

这是什么道理?要是在晚会上表演,一定会吸引不少人。表演时注意,别让跳出的杯子摔在地上,粉身碎骨。

原来,当你对着两只玻璃杯之间的缝隙吹气时,气一下子放不出来,结果在玻璃杯之间形成一股压缩空气垫层,也就是气垫。持续吹气,气垫层加厚,就会把上面一只杯子给垫起来。如果不用手握着,最后势必被垫出杯外。

奇怪的试管

取两个相差较小的玻璃试管,将小试管内壁涂上红色油漆。待小试管内油漆干后,将大试管装满水,并把小试管底朝下轻轻压入大管中,可压入大管1/2深处,让水自动溢出。

将两试管倒过来,让水从管中慢慢流出。这时会发生一个有趣的现象:在大试管中的水缓缓流出时,小试管慢慢上升,并且速度越来越快,直至大试管顶端。

这是怎么回事呢?原来小试管之所以自动上升,是因为两管倒立后,水从两管壁缝间流出,管中压强减少,小试管底部内外出现压力差,若忽略水的粘滞阻力,当压力差大于小试管本身重量时,小试管就在这个压力差的作用下自动进入大试管,使水徐徐外流。水流出越多,压力差越大,小试管上升的速度越快,直至大试管顶部为止。

热学小实验小制作

自制温度计

温度计之所以能测量温度，靠的是流体遇热时膨胀，遇冷时收缩的原理。大多数温度计利用水银来显示温度。我们用水来做一个简单的温度计。

在瓶中倒一杯水，并将瓶子放入盆中。在软木塞上钻一个孔，将玻璃管从中穿过。将软木塞紧紧盖住瓶口，玻璃管的一端应伸入瓶内水面以下。

接着，将热水淋到瓶子上。这样瓶中的水受热而在玻璃管中上升。再向瓶子倾倒冷水，于是水便在你自制的温度计内往下降落。

杯中涨水了

在洗脸盆里盛一点水，拿一只玻璃杯倒扣在水里，杯内杯外的水面分不出高低，都一样平。现在，采用两个简单办法，就可以使杯内的水面拔高一截。

拿一块蘸过热水的毛巾，裹在玻璃杯上，过一会，就会看到有气泡溢出水面，等气泡不再外溢，把热毛巾拿走。过一会，杯内的水面就会上升，也就是被拔高了。

还有一个办法，用瓶子夹着一小团棉花，沾一点酒精，把酒精点燃，用另一只手倒拿下玻璃杯，用点燃的棉球，烘一烘杯内的空气，再迅速地把杯子倒扣在清水里，杯内的水面也会拔高。

这两种办法都是先把玻璃杯内的空气加热，使杯内空气膨胀密度变小。这时将杯子扣在水中，等到杯子冷却以后，杯内空气的温度降低，杯内空气的压强缩小，在杯外大气压强的作用下，杯内的水面就要升高。

水下的燃烧

把蜡烛底部烤化，粘在一个大烧杯中底部的中央，向杯中注入凉水，温度越低越好，直到与蜡烛边缘向平为止。点燃蜡烛，由于水从那里吸走了热量，使外层的蜡烛达不到熔点，因而不能融化，形成了个蜡制的管子，把火焰保护起来，这样火焰就逐渐跑到水面以下去了。

点不着的纸

将纸条紧紧绕在铜棒上，用火柴去点铜棒上的纸。这时棒上的纸无论怎样也点不着。假如在铜棒的一端留一截纸，则这一段可以点燃，当烧到紧贴在棒上的纸时也会熄灭。

原来这是因为铜棒是热的良导体，它能将其吸收的热量很快的传向其他部分，纸是热的不良导体，用火柴点燃棒上的纸时火柴燃烧放出的热量绝大部分被铜棒吸收并传向铜棒的另一端，而纸的温度始终达不到燃点。

安全灯原理

把一小块铁窗纱放在蜡烛的火焰上。你会马上看到，火焰只在窗纱的网眼下面摇晃，绝不会透过网眼去。把窗纱抬高一点，或降低一点，火焰总是被"压"在窗纱下面。动手做做这个实验。

实验原理如下：

窗纱是铁的，铁的传热性能很好，放在蜡烛的火焰上，火焰的热很快被传走，使得窗纱上面的蜡烛蒸汽达不到可以燃烧的温度，火就熄灭了。

在电池发明以前，矿工下井挖煤都是点普通的油灯照明，但很容易点燃坑道中的煤气，发生瓦斯爆炸事故。后来，人们在灯的外面罩一个金属网罩，照明灯的火焰也就再也不会冒出罩外，不能点燃外面的瓦斯气体。这种灯叫做安全灯。

切不开的冰块

在一根长约20厘米的细金线的两端，各缚一支铅笔。拿一块冰，放在一只瓶子或一块木头的顶上，然后用双手拿着铅笔，把金属丝放在冰的中间，再用力向下压，切割冰块大约1分钟后，金属丝会全部通过冰块。但是冰块仍旧是完整的，好像没有被切割过一样。

这是为什么呢？原来，金属丝的压力使和它接触的那部分冰融化，这部分冰在融化过程中必须从它周围的冰块中吸一收热量。当金属丝通过后，由于周围的冰温度仍旧比较低，所以切割时化成的水又重新结成冰了。

机械小实验小制作

机械大雁

大雁是人们喜爱的一种候鸟,人们喜爱它们的团结精神。我们要制作的机械大雁是利用一种简单的机械原理制作的,它的两个翅膀能自由地摆动,栩栩如生,好像正在飞翔。

1. 机械小制作准备

粗铁丝、细铁丝、方形纸盒、回形针、废圆珠笔芯、白板纸、剪刀、尖嘴钳。

2. 机械小制作过程

在白纸上画出大雁的身体和一对翅膀。用剪刀按线条把大雁的身子和翅膀剪下来。用尖嘴钳在回形针上做两个直径约1厘米的连接圆。在大雁身子和翅膀连接处,用锥子分别扎出两个小孔。

用连接圆把大雁的身子和翅膀连接起来。用锥子在纸盒上方扎3个安装大雁时需要支撑的小孔;在左右两侧分别扎1个曲轴安装小孔。用粗铁丝弯成曲轴。

在曲轴上,用细铁丝安装上大雁支架。把曲轴和大雁支架安装在盒子里。摇动曲轴,检查各部件是否运转灵活。在支架上,用铁丝将大雁的身子和两个翅膀固定。

机械大雁做成了。这个机械大雁是用铁丝做成的机械系统组成的,机械系统由大雁的身子、翅膀、连杆支架、曲轴及摇柄组成。

当摇动摇柄时,曲轴的转动带动了支架连杆上下运动,支架连杆带动了翅膀上下煽动,犹如一只大雁正在飞行。

摇头娃娃

一个废旧纸杯,两截小支柱和一只破旧乒乓球就可以制作成一个可爱的会摇头跳舞的娃娃,可是它为什么会摇头呢?这个摇头的效果又是怎么实现呢?

首先准备4×4厘米和2×2厘米的有机玻璃各1片,按扣一个,一次性纸杯一个,自行车辐条一根,乒乓球一只,一小段有机玻璃圆柱,规格是直径2厘米,高1.5厘米。

还要准备制作摇头娃娃所需的工具,它们有划刀,钻,记号笔和刻度尺等。

下面就要开始制作了。第一步是制作底座:在4×4厘米的有机玻璃的中央打一个小孔,把辐条插进去作为身体的支架。

然后制作中间身体部分:这一部分由一次性纸杯,带按扣的有机玻璃片规格为2×2厘米和带有车条的小圆柱三部分组成。现在要在一次性纸杯的开口端的外沿箍一圈铁条。

然后在有机玻璃的中央打一个小孔,把按扣的下半部分嵌进去;另一面粘上双面胶粘在纸杯内侧的底部。

下一步在小圆柱的中央打一个小孔,截一段长约5厘米的车条插入作为头部的支架,再把小圆柱的另一端粘在杯子外侧的底部。

下一步制作娃娃头。在乒乓球的一端割一个圆洞,在乒乓球的表面上绘画出娃娃的五官。

最后一步进行头部和底部的组装。

同学们,利用身边的材料你能否做一个更漂亮更会摇头跳舞的娃娃呢?

化学小实验小制作

巧妙除水垢

水垢对人们是没有好处的。壶里结了水垢，不但盛水少了，烧起来也慢得多；机器的水冷部位结了水垢，热量散不出去，不但会影响产品质量，还可能造成严重事故。

为了清除水垢，人们想出了许多方法，但都有这样或那样的缺点，并且是消极被动的，不能彻底解决问题。而利用静电效应却能从根本上防止水垢形成。这是什么道理？

首先，咱们得搞清为何水垢会结在壶底呢？水垢是由钙、镁的碳酸盐、硫酸盐和硅酸盐相互作用形成的。这些盐类在水中离解成负离子，被底部的金属壁吸收住板结。因为正负相吸，故而不能剔除。

如果我们用静电捆住正负离子的手脚，便不会有水垢了。

至于如果产生静电场？请大家想一想。有什么办法？请动手试一试。

铅笔比重计

如果能做一个简易比重计，使你在做实验时能准确区分各种比重的溶液，那该多好！

找一支橡皮头铅笔，把图钉按入橡皮头的正中，浸入水里，在铅笔静止的位置刻一道线，作为水的比重的标记。在这以下的位置，刻上间隔相等的细线，分别标上0、1、2、3……这样，一支铅笔比重就做好了。把这支铅笔比重计浸入盐水，这时候刻度会大于0，盐水越浓，度数越大。

铅笔比重计是利用液体比重越大浮力也就越大的道理制成的。图钉的作用是为了降低铅笔的重心，使它能够垂直地浮在液体中。

水下的炸弹

在水杯里放入一个小纸盒（包），会噼噼啪啪炸出很多水花来。

下面我们来做一下这个实验。所需材料和工具：跳跳糖、薄纸、玻璃杯、清水。

制作方法如下：准备一包"跳跳糖"，用薄纸一小块，在铅笔上卷一个小纸筒，不用浆糊粘，将底边多出的部分向内折叠压紧，把纸筒从铅笔杆上拔下来，做成一个圆筒形无盖有底的小纸盒，把跳跳糖的颗粒倒入纸盒里，将上口收拢捏一下，不必捏得太紧。

倒一杯清水，最好用无条纹的平面玻璃杯。将装有跳跳糖的小纸盒投入水中，用铅笔压一下让它下沉，当水渗透到薄纸包里接触了跳

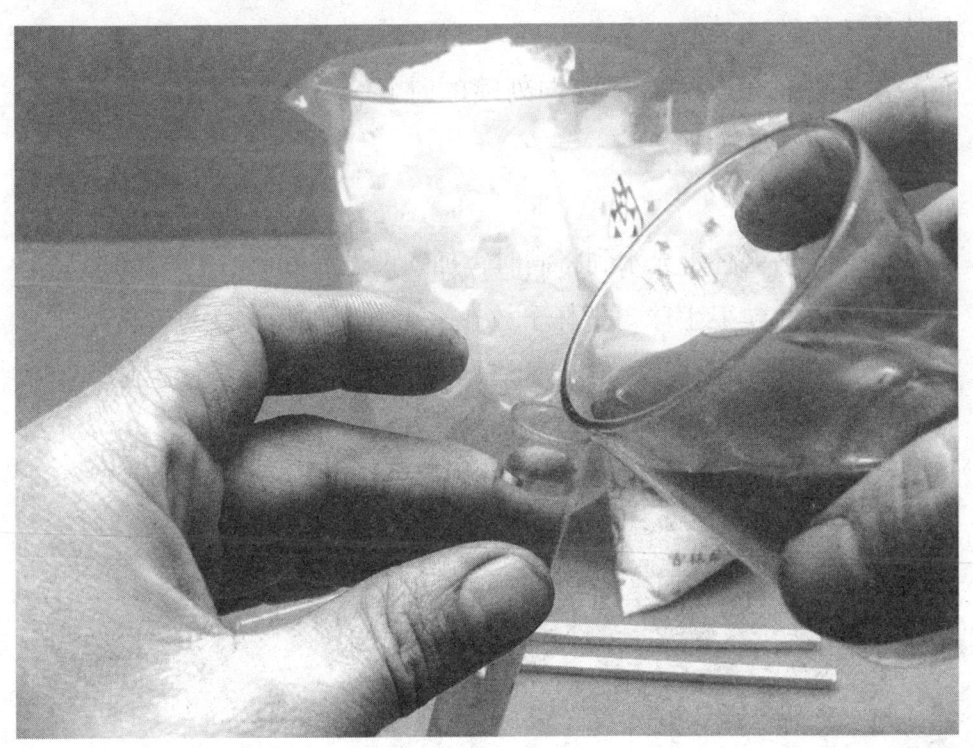

跳糖就会发生"爆炸",水花四溅还发出噼噼啪啪的小声响,看上去非常有趣。

跳跳糖着水后会有强大的吸水性,在吸水过程中自身迅速分裂,好像跳起来一样,用纸包住它,再让它渗透水分,就控制了吸水过程,加大它的爆发力量。以它的跳动力量再去冲击水,便会产生水花溅起的现象。

旋转的纸杯

利用一只盛冰淇淋的纸杯和盖子,再找一根8厘米长的蜡纸吸管做成两个喷嘴。在纸杯上半高度处,对称地开两个小孔,然后把蜡纸吸管斜插在小孔里,并用蜡把喷嘴固牢,把纸杯放在塑料碟子上。让碟子漂浮在一只盛水的脸盆里。

然后,在纸杯里先加1/3的水,再放进一小块石灰,立即把纸盖盖严。石灰遇水产生大量二氧化碳气体,急速地从两个喷嘴喷出,使纸杯欢快地旋转。

纸杯中的气体通过喷嘴向外喷的时候,气体对纸杯产生反作用力,从而使纸杯转动。

卫生球跳舞

在一只玻璃杯中充水到将满时,加入两匙醋和6~10片小苏打,溶解后,放入几粒卫生球。把杯子放在一个安全的地方。过一两个小时

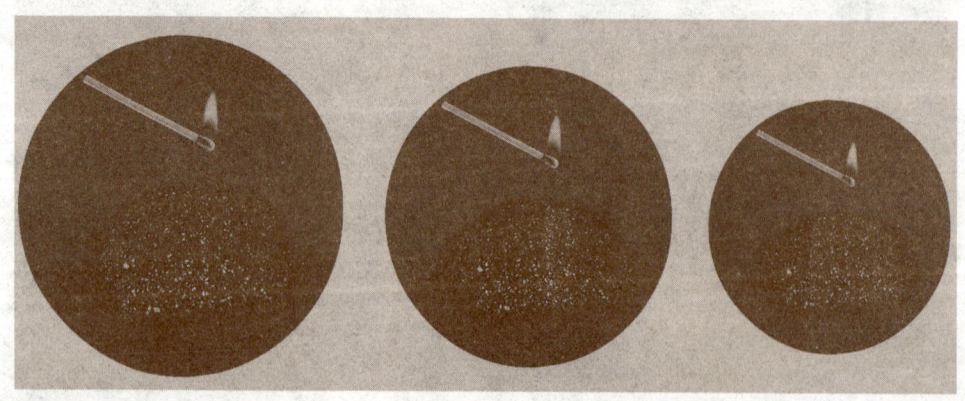

后再看看，奇怪的事情发生了，这些卫生球在杯中上下舞动。仔细看那些卫生球，在它们表面附着很多小气泡。

因为卫生球稍重些，所以通常没入水底。小苏打和醋作用产生出二氧化碳气体，在水中形成许多小气泡，附着在卫生球表面时就使卫生球升到水面，这时一部分气泡破裂了，于是卫生球又往下沉，直到附着上足够的气泡才会重新升起来。

听话的火柴

在一只脸盆里倒上水，在水面上放几根火柴或小木片，拿一块糖接触水面中心，有趣的现象就发生了：糖块附近的火柴或小木片立刻聚集到糖的周围。如果拿块肥皂接触水面中心，火柴就会立刻向四周散开。

这是因为糖溶于水后，水的表面张力突然增大，于是火柴便向着表面张力大的方向移动；当肥皂溶于水后，这部分肥皂水的表面张力突然减小，于是就出现了相反的情况。

水上的浮字

这是一项小的表演项目，在一个白色水盆里能浮起各种毛笔字。

本实验需要的材料和工具：白色脸盆、清水、毛笔、墨汁、竹板、大葱。

制作方法如下：准备一块竹板，把竹皮表面打磨光洁，把大葱撕开，用葱白有葱汁的部分在竹板的光洁面来回擦几次，将葱汁涂在竹板表面，稍干后用毛笔蘸浓墨汁在涂有葱汁的竹板处写字，写什么字都可以，稍干一会儿以后，把竹板平按入水中，按竹板时慢些，不要带起水波纹，然后慢慢地把竹板从中斜向抽出来，黑字便一一漂浮在水面上，不散不乱。

之所以如此，是因为葱有黏性，在竹板上形成一层薄膜，能托住毛笔字浮在水面上。

在水面绘画

利用水面的浮力可以画出"抽象派"画面。下面我们来做这个实验。

材料和工具有：水盆、清水、浓墨汁、毛笔、小木棍、白纸。

制作方法如下：将水盆盛满清水，平放在桌上，用毛笔蘸浓墨汁滴在水面上，用小木棍将墨滴推开，让墨滴散乱成不规则的乱云形花纹，取一张白纸平放在水面上，再轻轻提出纸张，水面上的花纹画面就会翻印到纸上，晾干印好的纸张，再精心剪裁一下四边，就能出现类似山脉、云层等"抽象"画面。

之所以如此，是因为水面平时总会有一层肉眼看不到的表面油脂，它可以把墨迹托起来，形成水平面印刷版，如果用油漆倒在水面上搅拌还可以在木板上印出假大理石花纹来。

除墨迹方法

如果你不小心将红、蓝墨水，红、蓝色圆珠笔油或盖图章用的红、蓝色印油沾在衣服上，是很难用肥皂或洗衣粉洗净的。这时可以用酸性高锰酸钾溶液除去这一类污迹。

高锰酸钾是家庭中常用的消毒剂，很容易从药店里买到。用时须把它配成0.1M，质量百分浓度约为2%的溶液，还要在溶液里加硫酸，这样便配成了高锰酸钾溶液，即每10毫升高锰酸钾溶液加几滴浓硫酸。然后把酸性高锰酸钾溶液滴在污迹处，红、蓝墨水等污迹就会消失。

为什么高锰酸钾溶液能褪色呢？因为红、蓝墨水，印油和圆珠笔油都是用染料配成的，而红、蓝色染料都是有机化合物，容易被高锰酸钾氧化，变成无色的物质。

在红、蓝墨水等污迹消失以后，上面会留下过剩的高锰酸钾溶液，它是紫色的。如果不把它除掉，则会在衣服上造成新的污迹。除去高锰酸钾的办法是在上面滴几滴3%过氧化氢溶液，也可用医用的双氧水，它具有还原性，能把紫色的高锰酸钾还原为无色的硫酸锰。

最后,在衣服上的污迹被除去以后,还要用清水把衣服洗一下,以除去衣服上残留的化学药品。

引"蛇"出洞

看到过蛇出洞的人想必是很少的。一般人遇见蛇总有几分惧怕,胆小的人更会心惊胆战,谁还敢专门等在洞口,去引蛇出洞呢!

不过,我们倒可以让你看一看"蛇"是怎样从洞里钻出来的,并且保证这条"蛇"不会伤害你。

把7克糖、7克重铬酸钾和3.5克硝酸钾分别磨成很细的粉末。注意,一定要分开磨!细心地把它们混合均匀,并用一张锡纸将混合物包成一个小包,包不宜不太,也不要把混合物包得太紧。如果没有锡纸,则可以用聚乙烯塑料薄膜,即市售的薄膜食品袋代替。

然后将装好混合物的纸包或薄膜包,放进一个用硬纸板卷成的纸筒内。筒要稍微大一些,使装混合物的纸包能在里面自由移动。

把纸筒放在水泥地上,将纸筒的一头点着,等到里面的锡纸包(或薄膜包)烧着后,你就会看到一条"蛇"慢慢地从洞内扭曲着爬出来。最后在地面上会躺着一条形象逼真的半尺长的死"蛇"。

水果催熟

有什么办法使生水果变熟呢?下面介绍一个催熟水果的实验。

先制取一瓶乙烯气体。取一支圆底烧瓶,注入5毫升浓度为96%的酒精,然后慢慢加入10毫升浓硫酸。注意,一定再将浓硫酸加入乙醇中,以免发生危险。配一个带弯曲导管和一支实验用温度计的橡皮塞。将烧瓶固定好待用。

再找一个带螺扣盖的广口瓶(最好用装果酱用的铁盖玻璃瓶),装满水,倒入在水盆中,选一个刚放进瓶子里的绿色小苹果,或青西红柿。

准备好后,便可以进行实验了。

点燃酒精灯，给圆底烧瓶加热。注意：温度一定要控制在160℃。将导管放进装满水的瓶中，用排水取气法制取一瓶乙烯气体。

取出瓶，将选好的苹果放进瓶中，将盖子盖好，拧紧，放到不见光的地方。几个小时后，苹果原来的颜色消失，生水果就完全熟透了。

这是什么道理呢？因为乙烯有一种特殊的性质：它具有促使值物的果实早熟的催熟着色的本领；还具有使动物昏迷、植物"睡觉"的麻醉能力。

人们常常利用乙烯的这个特性，把快要成熟的水果摘下来，运到目的地，在乙烯气体中放置几天，使水果成熟。这样可以大大减少运输中的损失。乙烯也可以使大量的橡胶乳流出，提高橡胶的产量。

鉴定淀粉

从家用药箱中拿出一小瓶碘酒，或者到外面药房里去买它一瓶。将一茶匙的面粉倒在半杯热水里面搅匀。再用茶匙盛一两滴碘酒倒入杯内，杯中的液体马上变成深蓝色。

你刚才做的这个实验，实际上是就是化学家用来检查某种物质里面里否含有淀粉的方法。许多植物都含有淀粉。淀粉的分子是由碳、氢、氧三种原子组成的。糖也是由这三种原子组成，不过组合方式不同，所以才使得糖和淀粉大不相同。

只是碘一碰上含淀粉的东西，这种东西就变成蓝色。上面的实验证明面粉里面含有淀粉。

用一小滴碘酒滴到一小片马铃薯、一条通心粉、苹果、麦片或者糖上面，看看它们中间哪几种里面含有淀粉。

化学烟圈

找一只马粪纸做的鞋盒，在盒的前侧开一个圆孔，可用打孔来钻孔，孔的直径大小以5～10毫米为宜。如果自制纸盒，大小以300×150×150（毫米）为宜，并要注意使纸盒密闭。

打开盒盖，在盒内放两只培养皿（或小烧杯），一只培养皿内加10毫升浓盐酸，一只培养皿内加10毫升浓氨水，盖上盒者，盒内立即产生浓厚的白烟。这其实是盐酸与氨水发生反应产生了氯化铵（NH_4CL）烟雾。

这时，你只要轻轻地拍打一下盒盖，一个白色的烟圈就会从圆孔中射出，和真的烟圈几乎没有什么两样。

碘酒变色

在皮肤肿处涂上碘酒，开始是深紫色的，可是过了几天颜色就会全部消失了。碘酒的颜色哪里去了呢？

若想知道碘酒颜色的去向，让我们先做一个实验吧。

找一个装药片的小玻璃管，洗净后烘干。取高粱米粒大的碘放进小管底部，用镊子夹住放在火焰上加热。当出现紫色的气体后，将一干净的小玻璃片放在管口上，停止加热。

这时就会发现，这种气体遇冷后并没有变为液体，在玻璃片上凝结成一堆暗黑色的、有光泽的晶体。这证明碘具有升华的性质。了解了碘的这种性质，我们就会明白，涂在皮肤上的碘酒颜色的消失，是由于碘酒里的碘在体温的作用下，逐渐升华的缘故。

碘是法国化学家古尔多瓦在1811年的一次实验里，把硫酸倒在海草灰制备的碳酸钠中发现的。当时古尔多瓦没有确认这种物质是什么，后来在他朋友的帮助下，才弄清这种物质就是我们今天做碘酒用的碘。

燃烧的冰块

做这个实验前，自己可以先制一块冰。特别是在夏天不好找冰的情况下，更为需要。

找一个装香脂的小铁盒洗干净，盛半盒水。再买两只冰棍，把冰棍敲碎后，和二汤匙洗涤盐混和，放在一只饭碗中。把香脂盒放在里面，然后用蘸湿的毛巾盖住饭碗，过约15～20分钟后，铁盒里的水便结成冰了。

把冰取出后，就可进行实验了。

取一小块电石（碳化钙），放在冰块上。然后擦着一根火柴，往冰和电石接触的部位一点，片刻就着起火来，而且越烧越旺，就像冰着了火一样。但当电石消耗完以后，火焰也就渐渐地消失了。

冰块和电石放在一起能够着火，主要是因为电石和水能发生激烈的反应，放出一种可燃性气体——乙炔（电石气）。

当我们用点燃的火柴接近冰块时，使冰块发生微融，产生少量的水。水和电石发生化学反应，生成乙炔气。乙炔通火开始燃烧。乙炔燃烧后，产生的热量进一步使冰融化。水又和电石发生作用，不断的生成越来越多的乙炔气，火焰就逐渐地旺起来，直到电石作用完结为止。

电石和水作用，是制取乙炔气的一种方法。

汽水的气体

把一大汤匙的醋和发酵粉倒在一玻璃杯的水中，再放三粒樟脑丸进去，在樟脑丸上即刻出现许多二氧化碳的小气泡，这些小气泡好像一个个浮筒，把樟脑丸浮起在水面上。

气泡破后，樟脑丸下沉，再出现气泡，樟脑丸又浮上来。这种时而浮起时而下沉的情况可以持续好几个小时，直到这种化学运作完结为止。

请注意有些泡始终不破，但是这些气泡往往出现在粗糙的樟脑丸表面上。

这些气泡好像汽水里产生的气泡。我们喝的汽水就是把配有糖和香料的水加入二氧化碳的气体制成的。这种气体实际上已溶在水里。

打开汽水瓶塞,冒上来的小气泡就是二氧化碳。这些气泡使汽水产生一种碳酸气的味道。

烛焰显字

把钢笔在醋里面蘸一下,再在一张厚厚的白纸上写上几个字。要多蘸几次,使字的笔画粗重。醋很快就干了,而且不留一点痕迹。

点一支蜡烛放在水槽里,因为这样会使实验安全妥当。放好蜡烛以后,就把这张用醋写了字的纸放在烛焰上大约2.5厘米高的地方烘烤,注意要把纸片不停地移动,不能只烤一点,否则纸容易着火。这样过了不久,你就会看到纸片上颜色焦黄的字迹。

你用醋在纸上写字的地方,醋与纸发生化学变化,形成了一种化合物。这种化合物比纸上没有写字的地方更易燃烧,纸在烛焰上烤的时候,写上字的地方就先被烤焦。用柠檬汁、葡萄汁或者牛奶汁写字,结果也会同醋写的一样。

自制农药

现在,不少人喜欢在自己的庭园里或者花盆里栽种花草树木,以美化我们的环境。但是,有时候树上会长虫,把我们辛辛苦苦的劳动成果毁坏了。你不妨在家里自制一点农药来防治这种病虫害。制法简单,价钱便宜,又不需要特殊仪器的农药,要算钙硫合剂了。

下面介绍钙硫合剂的做法:

在烧杯或搪瓷杯等其他容器中加28克生石灰(CaO),再慢慢加入75毫升水,混合均匀后即变成熟石灰。

然后往烧杯中加56克研细的硫磺粉,用酒精灯加热煮沸一小时,反应过程中应不时搅拌,并补充因蒸发而损失掉的水分。因煮沸时会产生刺激性的气味,所以最好是室外制备钙硫合剂。把它贮存在玻璃瓶内,将瓶盖盖严,放在阴凉处,可以长期使用。

钙硫合剂用水冲稀10倍可以杀灭害虫,用水冲稀40倍时,可以用来杀死花草和树叶上的细菌，使用的时候以喷雾法最好。

用盐除冰

把一粒食盐放在水中，并没有烫的感觉，然而，盐在一定条件下不仅可以产生"热量"，而且还能把雪融化了呢！我们可以作个实验观察一下。

冬末，找一个用过的香脂盒盖，盛上雪后，放在外面（不要拿进室内）。然后，往盒盖里的雪上边均匀地洒上精盐面。过一会儿，盒盖里的雪就融化了（室外气温在零度左右效果更好）。奇怪，为什么没有热感的食盐，反到能把冰冷的雪融化了呢？

这是由于盐和雪的混和物的冰点，远远低于纯水的冰点的缘故。这们知道，纯水的冰点，在通过情况下为零度，可是食盐饱和溶液的冰点将近零下21℃、雪是水以固态存在的一种形式，当它和食盐混合以后，这种食盐溶液的冰点，就是摄氏度零度而大大低于摄氏零度了，所以雪就融化了。

利用这个原理，在盛夏冰镇食物的冰块上撒一些食盐，冰点就会降低到零下21℃。在工业上，利用这个道理来做专业的冷冻剂。

无火加温

取一支小试管，注入5毫升的温水，放入一支实验用温度计。取一个酒杯，放入10克氢氧化钾，再倒入10毫升清水，然后把盛放温水的小试管放入酒杯中，温度计的水银柱就会很快地上涨。水温可以增加十几度。

10克氢氧化钾和10毫升水混和后，怎么就能使水温升高呢？原来氢氧化钾晶体溶于水时，它的固态分子机械地扩散到水里面以后，立刻和水分子发生水合作用。而这个化学过程是放热的，所以使整个溶液的温度升高了。在热的传导作用下，小试管里的水温也就升高了。

摩擦结"冰"

取一个干净的试管,注放半管冷水,加入含有结晶水的硫酸钠晶体,用玻璃棒不断地搅拌,加到晶体不能再溶为止。

然后再多加一些晶体,用热水温热使它全部溶解(温度不得超过32.4℃,因为含十个结晶水的硫酸钠在32.4℃以上即脱水,变成无水硫酸钠。无水硫酸钠的溶解度,随着温度的上升反而降低)。

最后,用纸片将试管口盖好(防止落入灰尘,影响实验效果),静止冷却。约一小时后,小心将纸片取走,用玻璃棒剧烈地摩擦试管壁,你就会看见试管中有"冰块"析出来。

原来并不是试管里结了冰,而是析出了硫酸钠晶体。为什么用玻璃棒摩擦试管壁就会析出晶体呢?

因为硫酸钠在室温下的水中,已经溶解到不能再溶的程度了,也就是达到了饱和状态。由于硫酸钠在32℃以下,溶解的数量随着温度的升高而增加,所以温热后,未溶的那部分硫酸钠也溶解了。它的浓

度就比室温时大，这种溶液叫"过饱和溶液"。

过饱和溶液不如饱和溶液稳定（处于介稳定状态），它极易析出溶质转变为饱和状态。因为这个试管中硫酸钠的过饱和溶液，冷却得慢又没大的灰尘落入，更没有同种晶体存在，所以它没有晶体析出。

但当用玻璃棒摩擦试管壁时，可以促进晶核的形成，破坏溶液的过饱和状态，于是过量的硫酸钠便迅速地形成结晶析出，试管内就像气温骤然下降结了"冰"一样。

卫生球"再生"

取一支大试管，注入10毫升酒精，用热水温热。然后往酒精里加卫生球粉末，直到粉末不能再溶解为止。这个溶液叫"饱和溶液"。

把试管放在盛有热水的烧杯中，并且用温度计测量此水温，如果水温始终保持不变（加热使其保持恒温），就可以进行实验。

另取一个卫生球，将其去掉火柴头大的一块，用线系好，悬入已经制好的饱和溶液里。这一段时间取出卫生球。这样，原先去掉的部分就会自动地补上了。

为什么去掉的部分会"再生"出来呢？因为固体物质放入溶剂中，溶解的分子或离子，在溶液中不断地运动着，当它们和固体表面碰撞时，就有停留在表面上的可能，形成与溶解相反的过程——淀积过程，溶液的浓度越大淀积的作用越显著。

固体在饱和溶液中，在单位时间内溶解到溶液里去的分子或离子数，和淀积到表面上的分子或离子数相等。因此，悬在饱和溶液中的卫生球，就处在不断的溶解和淀积过程中，外形逐渐变得圆滑，卫生球去掉的部分就像是被补上了一样。

奇妙的渗透

用锋利的小刀在鸡蛋大头的一端挖出一个小圆洞，洞的大小以能在洞内插进一根细玻璃管为宜，然后让鸡蛋内的蛋白和蛋黄从小洞中流出来，用碗接到后，可供食用，以免浪费。

把鸡蛋壳小的一头，约占整个鸡蛋壳表面积的1／3泡在6M盐酸中，把这1／3的蛋壳溶解掉，使它只剩下一层薄膜。

小心地用滴管慢慢地将5%蔗糖溶液，里面加几滴红墨水以染成红色加到鸡蛋壳内，直到加满为止。把一支长20厘米的细玻璃管插在蛋壳上的小圆洞内，再把熔化的石蜡滴在玻璃管与蛋壳的接缝处，使它完全密封。

最后，找一个大小合适的玻璃杯或玻璃瓶，在里面装满清水，把装满蔗糖溶液和带有玻璃管的鸡蛋壳全坐在玻璃杯（瓶）上，使蛋壳能卡在杯口，而薄膜部分则完全浸在水中。不久，你会发现红色的糖溶液慢慢地在玻璃管内上长，几个小时以后，溶液就会溢出管口，说明玻璃杯中的水已经渗透到鸡蛋壳里面了。

粗盐提纯实验

粗盐中含有泥沙等不溶性杂质，以及可溶性杂质，不溶性杂质可以用溶解、过滤的方法除去，然后蒸发水分得到较纯净的精盐。

用托盘天平称取5.0克粗盐，用药匙将该粗盐逐渐加入盛有10毫升水的烧杯里，边加边用玻璃棒搅拌，直加到粗盐不再溶解为止。观察所得食盐水是否浑浊。称量剩下的粗盐，计算10毫升水中约溶解了多少克粗盐。

然后过滤。仔细观察滤纸上剩余物及滤液的颜色，如滤液仍浑浊，应再过滤一次。

如果两次过滤后滤液仍浑浊，应如何检查实验装置并找出原因。

把所得澄清滤液倒入蒸发皿。把蒸发皿放在铁架台的铁圈上，用酒精灯加热，同时用玻璃棒不断搅拌。待蒸发皿中出现较多固体时，停止加热。利用蒸发皿的余热使滤液蒸干。

用玻璃棒把固体转移到纸上，称量后，回收到教师指定的容器中。将提纯后的氯化钠与粗盐作比较,并计算精盐的产率。

彩色温度计

钴的水合物在加热逐步失水时,会呈现不同的颜色,因此可以根据温度的变化而呈现的颜色变化做成温度计。

在试管中加入半试管95%乙醇和少量红色氯化钴晶体,振荡使其溶解,在常温下呈紫红色,加热时随温度升高颜色呈蓝紫色至纯蓝。

酸奶制作实验

用家里有的器具来制作。

将乳酸菌接入牛奶,采用恒温发酵法,通过乳酸菌发酵牛奶中的乳糖产生乳酸,乳酸使牛奶中酪蛋白变性凝固而使整个奶液呈凝乳状态。注意,酪蛋白约占全乳的2.9%,占乳蛋白的85%。

首先向两个碗里倒入牛奶,将牛奶放入微波炉加热,以手摸杯壁,不烫手为宜。

再在每碗温牛奶中加入三勺买来的酸奶,用勺子搅拌均匀,盖保鲜膜。

将电饭锅断电,锅中的热水倒掉,将一个碗放入电饭锅,盖好电饭锅盖,利用锅中余热进行发酵,另一碗同样用保鲜膜覆盖,放入常温下的室内。

每隔两小时观察两个碗的变化并记录。

灭火器的制作

食醋的成分是醋酸溶液,里面有醋酸,就是乙酸,它可以与小苏打(碳酸氢纳$NaHCO_3$)反应：

$CH_3COOH+NaHCO_3=CH_3COONa+CO_2\uparrow +H_2O$

用一个大瓶子配上一个单孔胶塞并插上玻璃管。向瓶中加入一些碳酸氢钠溶液，取一支能装入瓶内的试管，盛满浓盐酸后，将试管缓慢放入瓶中，使试管能竖立起来，塞上插有玻璃管的胶塞。

使用灭火器时，倒转瓶子并将玻璃管口指向火焰。小心！不要把管口对着别人或己。

向酸中加入洗涤剂以产生起覆盖作用的泡沫。将瓶子对准火焰，迅速倒转瓶子，剧烈反应生成大量二氧化碳，则气体的压力将液体从管口压出而灭火。

魔棒点灯

浓硫酸与高锰酸钾反应生成氧化性很强的七氧化二锰，它和易燃物如乙醇等剧烈反应放出大量热，可将乙醇等点燃。

实验时，在烧杯内边缘的任意位置滴两滴浓硫酸，在浓硫酸的对面边缘，要隔180℃相对，放0.05克高锰酸钾固体，带到课堂上后将玻棒底端放在浓硫酸上斜靠在杯内。

将玻棒取出展示给学生看，表示玻棒洁净无物。注意：润湿的无色硫酸看不出来。待学生认同无物后将玻棒放回大烧杯中，此时玻棒的底端需置于高锰酸钾上。

把酒精灯的盖子取下，展示给学生看，确认为一般的酒精灯。

取出玻棒在酒精灯的灯芯上碰触一下，即见酒精灯被玻棒点燃。

水中花园

除了碱金属的硅酸盐能溶于水外，其余金属的硅酸盐都不溶于水，并且大多都能呈现各种美丽的颜色。利用这点，我们可以做一个有趣的"水中花园"的实验。

当把硫酸铜、氯化锰、氯化钴、硝酸锌等盐投入水玻璃溶液中时，会发生如下的反应：

$CuSO_4+Na_2SiO_3=CuSiO_3\downarrow +Na_2SO_4$（蓝绿色）

$MnCl_2+Na_2SiO_3=MnSiO_3\downarrow +2NaCl$（紫色）

以上这些不溶性的硅酸盐首先在$CuSO_4$、$MnCl_2$等晶粒表面形成一层难溶于水而有半渗透性的薄膜，该薄膜只允许水往晶体中渗透，而其他离子则不能透过去，当渗入的水又溶解了可溶性盐将薄膜胀裂后，又会遇到硅酸钠作用形成新的薄膜，这一过程不断重复使硅酸铜等盐在硅酸钠胶体中长成美丽的枝状"树"，如"水中花园"一样。

实验时，取一个大烧杯或小型鱼缸，在底部铺上厚度为5毫米左右经水洗过的砂子，并倒入为20%的水玻璃溶液，深度10厘米左右。

取硫酸铜晶体、硫酸亚铁晶体、醋酸铅晶体、氯化锰晶体、氯化钴晶体、氯化铁晶体、硫酸镍晶体豆粒大小各一粒，分别分散地投入水玻璃溶液中，静置两三分钟后，这些晶体就开始长出约5毫米长的各色芽状物，随着时间推移又会长出好多丝状分支。

硫酸铜晶体的芽枝是蓝白色树状，氯化钴晶体的是紫色丝状物，氯化铁晶体的是橙色粗状树等等，整个水下成为绚丽多彩的"植物园"。一天以后，用虹吸法抽出水玻璃溶液，换上清水，这些"花草树木"并不溶解，它们在清水中显得更加美丽。

高锰酸钾溶液

高锰酸钾为强氧化剂，易和水中的有机物和空气中的尘埃等还原性物质作用；高锰酸钾溶液还能自行分解，见光时分解更快，因此高锰酸钾标准溶液的浓度容易改变，必须正确地配制和保存。

高锰酸钾溶液的标定常采用草酸钠（$Na_2C_2O_4$）作基准物，因为草酸钠不含结晶水，容易精制，操作简便。

首先来看看0.02摩尔/升高锰酸钾标准溶液的配制。

称取1.6克高锰酸钾固体，置于500毫升烧杯中，加蒸馏水520毫升使之溶解，盖上表面皿，加热至沸，并缓缓煮沸15分钟，并随时加水补充至500毫升。

冷却后，在暗处放置至少2~3天，然后用微孔玻璃漏斗或玻璃棉过滤除去二氧化锰沉淀。滤液贮存在干燥棕色瓶中，摇匀。若溶液煮沸后在水浴上保持1小时，冷却，经过滤可立即标定其浓度。

然后，来做高锰酸钾标准溶液的标定。

准确称取在130℃烘干的草酸钠0.15~0.20克，置于250毫升锥形瓶中，加入蒸馏水40毫升及草酸钠10毫升，加热至75℃~80℃，即瓶口开始冒气时，尚未煮沸时立即用待标定的高锰酸钾溶液滴定至溶液呈粉红色，并且在30秒内不褪色，即为终点。标定过程中要注意滴定速度，必须待前一滴溶液褪色后再加第二滴，此外还应使溶液保持适当的温度。

根据称取的草酸钠质量和耗用的高锰酸钾溶液的体积，计算高锰

酸钾标准溶液的准确浓度。

喷雾作画

溶液遇到硫氰化钾(KSCN)溶液显血红色，遇到亚铁氰化钾〔K_4〔$Fe(CN)_6$〕〕溶液显蓝色，遇到铁氰化钾〔K_3〔$Fe(CN)_6$〕〕溶液显绿色，遇苯酚显紫色。$FeCl_3$溶液喷在白纸上显黄色。

实验开始，用毛笔分别蘸取硫氰化钾溶液、亚铁氰化钾浓溶液、铁氰化钾浓溶液、苯酚浓溶液在白纸上绘画。

然后把纸晾干，钉在木架上。

再用装有$FeCl_3$溶液的喷雾器在绘有图画的白纸上喷上FeCl3溶液。

木器刻花法

稀硫酸在加热时成为浓硫酸，具有强烈的脱水性，使纤维素失水而碳化，故呈现黑色或褐色。洗去多余的硫酸，在木（竹）器上就得到黑色或褐色的花或字。

实验时，用毛笔蘸取质量分数为5%的稀硫酸在木器或竹器上画花或写字。晾干后把木或竹器放在小火上烘烤一段时间，用水洗净，在木或竹器上就得到黑色或褐色的花样或字迹。

自做指示剂

将"心里美"萝卜洗干净，用剪刀或小刀将萝卜切成小碎末，放在一个小碗中捣碎并加入酒精。

将碎末用纱布包好，然后挤压出淡紫色的液体。

将其加入到盛有稀盐酸、稀氢氧化钠溶液的试管中，观察出溶液呈现出的不同颜色。

结果：盛有稀盐酸的试管中呈现出红色，盛有稀氢氧化钠溶液的试管中呈现出黄色。

结论：植物浸出液在酸性液体中呈现出红色，在碱性液体中呈现出黄色。

检验碘的含量

实验时,在一支试管中加入少量含碘食盐溶液,滴入几滴稀H_2SO_4,然后再滴入几滴淀粉试液。观察现象。

在另一支试管中加入少量KI溶液,滴入几滴稀H_2SO_4,然后再滴入几滴淀粉试液。观察现象。

将上述两支试管里的液体混合,观察现象。

含碘盐中含有碘酸钾(KIO_3),在酸性条件下IO_3^-能将I^-氧化成I_2,I_2遇淀粉变蓝,本实验利用$KI-H_2SO_4$试液与碘盐中的KIO_3反应生成I_2,再用淀粉试液检验生成的I_2。

滴水生烟实验

碘与锌反映(水作催化剂)时放出大量的热,使碘升华成碘蒸气。

实验时,用药匙的小匙分别取少许干燥的碘和锌粉,在纸上混合平均。

然后用小纸条将碘和锌的混合物送入锥形瓶底中央,用带滴管的橡皮塞塞住锥形瓶口。注意,滴管要预先吸入水。

再向锥形瓶中逐滴滴入四滴水,察看征象。

最后向锥形瓶中加入适当Na_2CO_3溶液,振荡以吸取碘,避免污染。

吹气生火实验

把少许Na_2O_2粉末平铺在一薄层脱脂棉上,用玻璃棒轻轻压拨使NaO进入脱脂棉中。

用镊子将带有Na_2O_2的脱棉轻轻卷好,放入蒸发皿中。

用修长玻璃棒向脱脂棉徐徐吹气,察看征象。

过氧化钠能与CO_2反应,生成氧气并放出大量的热,使棉花着火焚烧。

自制汽水

食用柠檬酸或酒石酸和小苏打$NaHCO_3$溶于水后,能发生化学反应,产生二氧化碳气体。二氧化碳气体溶解在含糖、果汁等成分的水中,便可制成汽水。

实验时,取干净的塑料可乐瓶一个,依次加入适量的白糖或食盐、果汁、1.5克小苏打、冷开水(不要将瓶子装得太满)和1.5克柠檬酸后,立即将瓶盖旋上,以防汽水冲出。

轻轻摇动可乐瓶,观察现象。发现瓶中产生大量气泡。由于瓶盖旋得很紧,产生的气体无法逸出。约经15分钟,自制的汽水即可饮用。

图书在版编目（CIP）数据

校园科普类活动指导手册 / 王爽编著. -- 长春：吉林出版集团有限责任公司，2013.11（2020.11重印）
ISBN 978-7-5534-3288-5

Ⅰ．①校… Ⅱ．①王… Ⅲ．①科学普及－青年读物 ②科学普及－少年读物 Ⅳ．①N49

中国版本图书馆CIP数据核字（2013）第226730号

校园科普类活动指导手册

王　爽　编著

出　版　人：齐　郁
责任编辑：孙　婷　　田　璐
封面设计：大华文苑（北京）图书有限公司
版式设计：大华文苑（北京）图书有限公司
法律顾问：刘　畅
出　　　版：吉林出版集团股份有限公司
发　　　行：吉林出版集团青少年书刊发行有限公司
地　　　址：长春市福祉大路5788号
邮政编码：130118
电　　　话：0431-81629800
传　　　真：0431-81629812
印　　　刷：北京兴星伟业印刷有限公司
版　　　次：2013年11月　第1版
印　　　次：2020年11月　第3次印刷
字　　　数：158千字
开　　　本：710mm×1000mm　1/16
印　　　张：12
书　　　号：ISBN 978-7-5534-3288-5
定　　　价：35.00元

版权所有　翻印必究